CONSIDERACIONES CONCEPTUALES SOBRE LOS
SISTEMAS DE INFORMACIÓN GEOGRÁFICA

ANTONIO ITURBE - LOURDES SÁNCHEZ - LOURDES CASTILLO - LUIS CHÍAS

Consideraciones conceptuales de los Sistemas de Información Geográfica

Número de Control de la Biblioteca del Congreso
de EE. UU.:   2011917937
ISBN: Tapa Dura   978-1-4633-0878-0
                          Tapa Blanda   978-1-4633-0881-0
                          Libro Electrónico   978-1-4633-0880-3

Primera edición: 2009

Coordinación editorial: Valentín Iturbe Posadas
Diseño editorial: Luis Alberto Montecillo Salas
Asistente de diseño: Guadalupe Martínez Castillo
Portada: Luis Alberto Montecillo Salas

Iturbe Posadas Antonio
Consideraciones conceptuales de los sistemas de información geográfica: SIG/Antonio Iturbe Posadas, Ma. de Lourdes Sánchez Gómez, Lourdes Castillo Villanueva, Luis Chías Becerril. Tlaxcala, México: El Colegio de Tlaxcala, A. C. FOMIX; 2009.
203 p. Esquemas, mapas y cuadros

1. Sistemas de información geográfica

Este Libro fue impreso en los Estados Unidos de América.

Para pedidos de copias adicionales de este libro, por favor contacte con:
Palibrio
1663 Liberty Drive, Suite 200
Bloomington, IN 47403
Llamadas desde los EE.UU. 877.407.5847
Llamadas internacionales +1.812.671.9757
Fax: +1.812.355.1576
ventas@palibrio.com
349554

Í N D I C E

La creación de este libro transcurrió durante un considerable lapso de tiempo, el suficiente para que personas e instituciones se vieran interrelacionadas y contribuyeran, en forma directa o indirecta, a la realización del mismo. A continuación, nos permitimos hacer un reconocimiento específico:

A Marcela Virginia Santana Juárez. Gracias a un comentario tan efusivo sobre la idea del libro que motivó la escritura de las primeras páginas.
A Elías Montes Peña, que en su momento participó en la lectura y aportación de algunas ideas con relación a tópicos en la parte informática.
A Daniel López Montejo por su invaluable y desinteresado apoyo en el diseño y correcciones de numerosas versiones de este texto.
Al Fondo Mixto CONACYT-Gobierno del Estado de Tlaxcala por el apoyo al proyecto Sistema de Información para el Desarrollo Regional del Estado de Tlaxcala (SIDRET), **Clave FOMIX-COLTLAX-2002-C01-4181.**
A todas aquellas personas, especialmente a nuestros alumnos y colegas, que con su interés y conocimientos escribieron una parte de este libro. A ustedes, gracias.

A El Colegio de Tlaxcala, A. C., la Universidad de Quintana Roo y el Instituto de Geografía de la UNAM, que a través de sus autoridades apoyaron incondicionalmente el desarrollo de la presente obra.

Este planeta esta gobernado por locos. No te olvides de todo lo que ha habido que hacer para estar donde estamos. Tienen unas miras tan estrechas... tan breves. Todos piensan en un plazo de pocos años, o décadas, en el mejor de los casos. Lo único que les interesa es el período durante el cual ejercen el poder. Pero no tienen la certeza de que nuestra historia sea falsa porque no pueden demostrarlo. Por consiguiente, debemos convencerlos. En el fondo de su corazón se preguntan: ¿Y si fuera cierto lo que nos cuentan? Algunos desean incluso que sea verdad, aunque se trata de una verdad peligrosa. Querrían contar con una certeza absoluta, y quizá nosotros podamos dársela. Podemos pulir la teoría de la gravedad, realizar nuevas observaciones astronómicas para corroborar lo que se nos dijo, en especial lo vinculado con el Centro Galáctico y Cygnus A. No van a suspender la investigación astronómica. Además, si nos permitieran el acceso, podríamos estudiar el dodecaedro. Ellie, vamos a lograr que cambien de opinión.

"Muy difícil si son todos locos", pensó ella.

Carl Sagan
CONTACTO

"The application of GIS is limited only by the imagination of those who use it."

Jack Dangermond, Founder of ESRI.

Dedicamos este libro a todos aquellos estudiantes interesados en incorporar la inteligencia geoespacial en la resolución de problemas territoriales.

Los autores

INTRODUCCIÓN

La carencia de bibliografía escrita en español acerca de Sistemas de Información Geográfica (SIG), y en general sobre geotecnología, es notable. Este hecho, aunado a la necesidad de contar con fuentes de consulta que contribuyan a la actualización profesional y al desarrollo de los programas de educación continua, como los que se diseñan e imparten en el Centro de Información Geográfica de la División de Ciencias e Ingeniería de la Universidad de Quintana Roo, el Centro de Análisis Territorial de El Colegio de Tlaxcala, A. C. y en el propio Instituto de Geografía de la Universidad Nacional Autónoma de México, son los motivos que guiaron la publicación de esta obra, la cual se orienta a construir, adquirir, ampliar y vincular el conocimiento científico, tecnológico, metodológico, e incluso empírico, en la materia.

Hoy en día, los sistemas de información geográfica son un campo del conocimiento muy amplio. Líneas de desarrollo como la construcción de servidores cartográficos de alto rendimiento para el manejo, visualización y consulta o el análisis espacial basado en datos con estructura raster, son prácticamente especialidades que difícilmente se pueden cubrir en un solo texto. Sin embargo, la propuesta fundamental de esta obra es la reflexión, con la adecuada profundidad, acerca de los elementos necesarios para la realización de un proyecto SIG partiendo de la base que la Geografía es, por una parte, la ciencia creadora de esta herramienta y por la otra, que también es proveedora de una gran cantidad de métodos de análisis territorial. Así, se abunda en el análisis del marco conceptual de los sistemas de información geográfica, convirtiéndose este aspecto en uno de los propósitos que este libro procura cumplir. En el segundo capítulo se estudia con amplitud los elementos que es necesario incluir en el desarrollo de un sistema de información geográfica: los datos geo-espaciales, el capital humano, los procedimientos explícitamente definidos para la generación de productos de información, la tecnología informática y los programas de cómputo o software; por supuesto, el peso de cada uno de estos es definido por los objetivos de cada proyecto, el estado inicial o los recursos disponibles. En este sentido, el diagrama 1 muestra como se estructuran estos elementos en la perspectiva de generar nuevos productos de información.

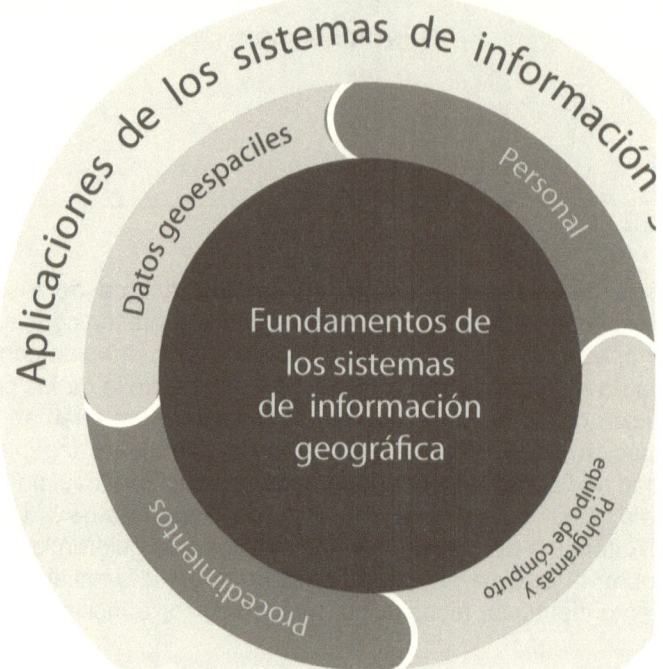

Fundamentos de los sistemas de información geográfica

Aplicaciones de los sistemas de información

Datos geoespaciles

Personal

Programas y equipo de computo

Procedimientos

Fuente: Elaboración propia

Cada uno de los apartados de esta obra se enriquecen con experiencias sobre aplicaciones de los sistemas de información geográfica para la solución de problemas territoriales en los que se describe el para qué, el cómo, e incluso, el cuanto. Así, este texto tiene como eje rector dar a conocer los aspectos conceptuales más importantes de lo que es un sistema de información geográfica visto desde la perspectiva de los elementos requeridos para su creación y, en consecuencia, la generación de nuevos productos de información que sirvan como base para la toma de decisiónes.

CAPÍTULO I

SOBRE LOS CONCEPTOS MÁS IMPORTANTES DE UN SISTEMA DE INFORMACIÓN GEOGRÁFICA

EL MUNDO ACTUAL ES COMPLEJO Y CON PROBLEMAS GEOGRÁFICOS QUE RESOLVER

Hasta la fecha, se sabe que nuestro planeta es el único cuerpo celeste del universo que tiene vida, lo que le confiere la titulación como una entidad compleja en razón de la existencia de relaciones y procesos tanto bióticos como abióticos. La complejidad de nuestro planeta principia con la enorme cantidad de procesos geográficos naturales y antrópicos en millones de kilómetros cuadrados de superficie terrestre y marina. Los diversos ecosistemas que van desde las tundras siberianas, las sabanas africanas, las selvas amazónicas hasta los ecosistemas marinos que dan vida a organismos que resisten temperaturas de centenares de grados centígrados, son un ejemplo de esta complejidad.

La descripción de la Tierra en cuanto a los geosistemas naturales y antrópicos es una tarea que tal vez jamás termine, más aún cuando se abordan aquellos procesos en los que está incluido el hombre. La preocupación de científicos y tomadores de decisiones no sólo es conocer con detalle el planeta y las múltiples interrelaciones que se dan, sino, quizá lo más importante, dar solución a los numerosos y variados problemas que suceden, día con día, en la faz terrestre.

Un porcentaje muy alto de los problemas a resolver se caracteriza por tener un componente territorial o geográfico. Este componente hace referencia a que son problemas que, de forma directa o indirecta, se dan sobre la superficie terrestre con la participación de elementos del entorno geográfico como causa o influencia; por ejemplo:

- Extinción de especies de flora y fauna
- Abatimiento y contaminación de mantos freáticos
- Desastres causados por huracanes, terremotos, explosiones de almacenes de materiales peligrosos, procesamiento de productos químicos o incendios forestales
- Desconocimiento del lugar ideal para la construcción de un centro escolar o un centro de salud en una zona rural
- Evitar la erosión en laderas con pendientes pronunciadas
- Ubicación de los mejores sitios para el desarrollo de actividades agropecuarias
- Aplicación de fertilizantes o pesticidas en áreas muy específicas en un conjunto de parcelas
- Ubicación de la posible ruptura de fibra óptica telefónica en su trayecto por dos ciudades distantes

- Saber cuál es el camino más corto o rápido que debe recorrer una patrulla desde su posición actual hasta el lugar donde se ha reportado una llamada de auxilio
- Ubicar el mejor sitio para el almacenamiento de residuos urbanos (basura) y de residuos tóxicos
- Conocer cuáles son las zonas donde hay más pobreza y variables ambientales que pueden incidir en su incremento como desertificación o riesgos naturales
- Determinar el mejor sitio para ubicar una antena de telefonía celular en una ciudad
- Determinar cuáles son las áreas que deben ser consideradas como las más adecuadas para efectos de inversión regional
- Saber cuál es la mejor zona para construir un complejo industrial, entre otros

Estos ejemplos dan una idea de la diversidad y heterogeneidad de los problemas territoriales, mismos que tienen distintos niveles de análisis (global, regional y local) y demandan con urgencia estudios y propuestas de solución que no son sencillos de generar porque se requiere la integración de una serie de factores y elementos; por ejemplo, personal altamente especializado en la problemática (Geógrafos, Planificadores, Urbanistas, Ingenieros Ambientales y Biólogos), herramientas tecnológicas para el manejo y análisis de datos; actores políticos con voluntad para aplicar los resultados y además en muchos casos, participación ciudadana y recursos económicos.

Para la resolución de problemas geográficos se hace necesaria la aplicación de un proceso de análisis territorial o espacial de los elementos causales y la forma cómo se interrelacionan con otros que acrecentan o atenúan la problemática. Sólo así es posible encontrar una solución a dichos problemas. Por ejemplo, la disposición de desechos industriales o urbanos tiene un fuerte componente territorial y para la solución de esta problemática será necesario el encuentro de los mejores requerimientos tanto de solidéz e impermeabilidad de los sustratos rocosos, la mayor lejanía de las áreas de cultivo y cuerpos de agua, la ausencia de asentamientos urbanos y mantos freáticos alrededor. Es así, que una cantidad considerable de problemas que suceden en nuestro entorno deben considerar un análisis de tipo territorial o espacial en su proceso de concepción, análisis y propuesta de solución.

Cuando hablamos de datos territoriales o datos de carácter espacial debemos hacer referencia a los elementos que se aprecian, por lo general, a simple vista y que conforman el entorno que nos rodea, es decir, estamos hablando de datos geográficos. A pesar de la importancia de este tipo de datos para abordar y dar alternativas de solución a los diferentes problemas territoriales, por lo general, se conocen, manejan y analizan en forma parcial o limitada, incluso, se les da un valor muy inferior a lo que poseen en realidad. El uso, el análisis y la difusión de datos geográficos tiene severas limitaciones en distintas corporaciones y organizaciones en nuestro país; puede citarse el caso de los problemas de inseguridad que presentan los estados del norte o cualquier otra gran ciudad del país. ¿Quién conoce con precisión dónde están aquellas áreas con altos grados de delincuencia?, ¿se ha determinado con precisión la relación territorial existente entre las áreas de vigilancia y las rutas de seguridad con las zonas de alta criminalidad?, ¿esta información está disponible a la población y permite ser una variable que incida en tomas de decisión como es la compra de bienes raíces o creación de nuevas áreas comerciales?

Algunas preguntas genéricas que pueden plantearse sobre la mayoría de los problemas con una connotación territorial, son por ejemplo: ¿dónde está el origen del problema?, ¿cuáles son los elementos que participan en su desarrollo?, ¿dónde están las personas o elementos afectados?, ¿cuáles son las mejores alternativas de solución?, entre muchas otras. Si analizamos con detenimiento, podemos apreciar que una buena parte de las preguntas tienen respuesta a través del uso y análisis de datos de tipo territorial. El dónde es una pregunta muy importante y obliga trabajar con una gran cantidad de datos geográficos. El dónde para muchas problemáticas significa la respuesta a un problema particular. Sin embargo, es muy difícil de responder por qué demanda, obviamente, datos geográficos o territoriales y, en muchos casos, éstos no existen, son muy generales, no están actualizados, su calidad no es adecuada o el costo es alto. Al hablar de datos geográficos en la mayoría de las ocasiones se hace referencia a mapas, y éstos no sólo son escasos, sino que su uso es limitado y con frecuencia su importancia es desconocida por la mayoría de la población, incluyendo al sector político y a los tomadores de decisión.

El uso, manejo y análisis de datos geográficos no es un proceso reciente, estas tareas se han llevado a cabo desde el inicio de la creación de los documentos más antiguos como los mapas. La información de carácter territorial contenida en los mapas ha sido la base para infinidad de definiciones de hipótesis, encuentro de soluciones a diversos problemas espaciales y, en general, respuestas a problemas con el tema principal: dónde.

Uno de los ejemplos más adecuados para denotar la importancia de abordar problemas territoriales de una forma espacial y poner de manifiesto la utilidad de los procesos de manejo y análisis de datos geográficos para la resolución de los mismos es el caso del Dr. John Snow. Para 1854 se desató en Londres, Inglaterra un brote de cólera que terminó con la vida de decenas de personas. El Dr. Snow se preguntaba cuál podía ser la fuente o causa del cólera. Uno de los supuestos era que la enfermedad probablemente tenía relación con algún elemento del ambiente. Si lograba encontrar cuál era ese elemento se podrían tomar las medidas necesarias para erradicar la epidemia.

El Dr. Snow, con base en la información cartográfica del poblado, ubicó los pozos de agua que la gente empleaba para su consumo. Posteriormente, plasmó en un mapa las casas de las personas que habían fallecido a causa del cólera; a través de un proceso de análisis visual y de correlación entre los dos juegos de datos (tomas de agua potable y sitios donde fallecieron personas) el Dr. Snow comenta en su trabajo *On the mode of comunication of cholera 1854*, (Fuentes, 1989) lo siguiente:

Al examinar el sitio, encontré que casi todas las muertes habían ocurrido a una cuadra de distancia de la bomba de Broad Street. Solo hubo 10 muertos en casas situadas decididamente más cerca de otra bomba pública. En 5 de estos casos, los familiares de las personas muertas me informaron que éstas siempre enviaban por agua a la bomba de Broad Street, porque la preferían al agua de la bomba más cercana. En otros tres casos, los muertos eran niños que asistían a la escuela cercana a la bomba Broad Street. Dos de ellos tomaban agua de esta bomba y los familiares del tercero, consideraban como muy probable que también tomara de esta agua. Las otras dos muertes, fuera del distrito que esta bomba abastecía, representaban sólo la mortalidad por cólera que estaba presentándose antes de que la epidemia se iniciara...

... en relación con las muertes ocurridas en la localidad abastecida por la bomba, hubo 61 casos en los cuales se obtuvo información de que las personas fallecidas tomaban el agua de Broad Street, constante y ocasionalmente. En seis casos no pude obtener información debido a la muerte o ausencia de toda persona conectada con los individuos desaparecidos y en seis casos, me informaron que las personas fallecidas no bebieron agua de esta bomba antes de su enfermedad...

El mapa elaborado por el Dr. Snow es el que se muestra en la figura 1. Es de destacar que un trabajo, relativamente sencillo, generó en ese entonces información de gran utilidad: las epidemias de cólera pueden erradicarse si se ubican (por correlación geográfica) los focos infecciosos y se evita su consumo para actividades directas con el hombre. En definitiva, el Dr. Snow no hubiera podido resolver este problema si no es bajo un contexto o perspectiva territorial.

Figura 1. Mapeo de la epidemia de cólera y las bombas de agua potable para el caso de análisis territorial del Dr. John Snow (Londres, 1854)

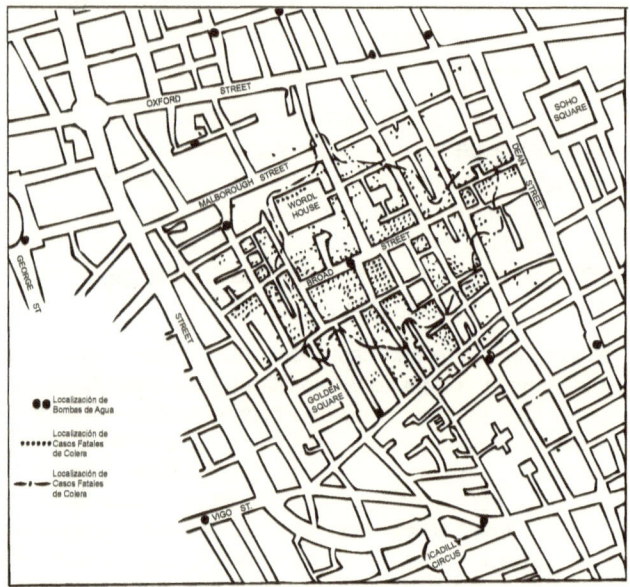

Fuente: Jonh Snow: *On the mode of comuniation of cholera, 1854.*

Para finalizar con este relato, el Dr. Snow recomendó que se prohibiera el uso del agua en las tomas de cólera; en un corto tiempo disminuyeron los casos de personas con esta enfermedad. Este caso de la época moderna pone de manifiesto la importancia del manejo y análisis de datos geográficos para la resolución de problemas donde la variable espacio o territorio tiene un papel preponderante.

Como en el ejemplo del Dr. Snow, hoy día es muy frecuente la aplicación de numerosos procesos de análisis sobre datos geográficos no sólo en aspectos sobre salud, sino en educación, seguridad social, aprovechamiento y explotación racional de los recursos naturales, transporte, análisis de mercados, inteligencia militar, análisis de la biodiversidad o turismo.

GEOGRAFÍA: CIENCIA APLICADA A LA SOLUCIÓN
DE PROBLEMAS TERRITORIALES

Los problemas de nuestros días son numerosos y algunos de ellos se caracterizan por ser de gran complejidad. Para su resolución es clara la necesidad de abordarlos desde una perspectiva científica con la ayuda de diversas tecnologías. En función del tipo de problema territorial es necesario considerar una disciplina muy específica, por ejemplo, para dar solución al problema de la erosión de laderas la participación de geomorfólogos, edafólogos y especialistas en manejo de cuencas hidrográficas se hace indispensable.

En la solución de muchos problemas territoriales es necesaria una disciplina que integre las diferentes perspectivas temáticas desde las que se puede abordar un problema espacial y direccionar algunos métodos que integren los componentes del medio físico-geográfico con el medio antrópico. Esta disciplina debe además proveer de una serie de recursos y mecanismos de análisis y modelación espacial, que por cierto, son una de sus características primordiales. Esta disciplina es la Geografía.

La Geografía es una disciplina científica que ha transitado por caminos muy tortuosos, sobre todo, en el tercer mundo, y está todavía lejos de ser una ciencia aplicada en altos niveles de decisión en nuestro país como sucede en contraparte en países desarrollados. A principios del siglo XIX, se inicia toda una carrera en Europa, principalmente en Francia (Philipponneau, 2001), para revalorar esta disciplina y ubicarla como una Geografía de acción, una ciencia de respuestas concretas y pragmáticas para dar solución a problemas territoriales.

La Geografía moderna, lejos de ser una ciencia de naturaleza ideológica y exacerbadamente teórica, se constituye como una Geografía de respuesta a problemas territoriales. En nuestro país, existen muchos casos concretos del valor de esta disciplina para proveer de soluciones precisas a este tipo de problemas.

La Geografía es entonces una disciplina científica de gran valor, no sólo en la caracterización de los problemas espaciales, sino en el proceso mismo de generación de información para la toma de decisión en la resolución de diversas problemáticas. La Geografía es una ciencia que tiene tres características fundamentales (Pierre George, 1970), a saber:

a) **Ciencia de síntesis.** La Geografía en el devenir de sus acciones fluye de procesos y métodos descriptivos a explicativos por medio de la observación analítica, la búsqueda de correlaciones mayoritariamente de tipo espacial para concluir en la definición de relaciones de causalidad. La Geografía en muchos casos necesita sintetizar e integrar el conocimiento de otras ciencias y disciplinas para derivar en resultados y acciones precisas en la resolución de problemas. Dentro de esta característica de la ciencia geográfica, destaca el papel tan importante que tienen el uso, manejo y análisis de datos heterogéneos y diacrónicos, de lo cual derivan resultados determinísticos y/o dialécticos.

b) Ciencia espacial. No hay otra ciencia con un carácter tan territorial o espacial como la Geografía, ya que es la única que favorece el conocimiento totalitario de las relaciones entre factores o fuerzas que se proyectan sobre un espacio finito y continuo. En este punto, la Geografía toma a la cartografía como el elemento o el lenguaje de expresión específico de las actividades propias del geógrafo. Gracias a esta característica de la Geografía, es que se tienen los medios y mecanismos más adecuados para retratar los factores y elementos que se hacen presentes en las unidades territoriales naturales y sociales.

c) Ciencia de coyuntura. Estudia la realidad en su conjunto definiendo el papel de cada factor u objeto de estudio del especialista con el estado actual y el comportamiento de un área determinada, es decir, toda investigación debe, prioritariamente, girar en torno al hombre, debiendo abordar sistemas de relaciones entre hechos y movimientos de distinto orden en un área cualquiera, que sólo tiene significado en la medida que permite caracterizar y explicar situaciones y problemáticas que afectan la vida humana o que la pueden afectar en el futuro.

Lo anterior da una idea de la amplitud de estudio de la Geografía y mejor aún, permite generar respuestas adecuadas a problemáticas que tienen como marco de actuación el medio natural y/o el socioeconómico. El saber dónde están localizados los distintos elementos o factores que componen un área o que caracterizan un fenómeno incluyendo su patrón de organización espacial y temporal es otro ejemplo de cuestionamiento resuelto por la Geografía. Finalmente, el por qué un área o fenómeno espacial tiene un determinado comportamiento o, en otras palabras, cuáles son las causas de su situación actual y en función de sus características determinar cómo puede ser su evolución sobre el territorio o fenómeno, es también otro campo de aplicación de la Geografía.

Una de las disciplinas ampliamente utilizada por la Geografía – no sólo como medio de análisis, sino de publicación de resultados– es la Cartografía. Esta disciplina (Robinson, *et al.*, 1987) es una rama importante del grafismo que tiene por objeto el manejar, analizar y exponer ideas, formas y relaciones que se presentan en espacios geográficos de dos o tres dimensiones. A través de los mapas es que se logran estas representaciones, en las que la Cartografía es responsable de cualquier actividad relacionada con la representación y uso de los mismos.

La Cartografía es una disciplina tradicionalmente abordada por los geógrafos. Esta peculiaridad es interesante porque no sólo el geógrafo como profesionista tiene la capacidad de proveer soluciones a múltiples problemas del espacio geográfico, sino también que incluye en su profesión importantes líneas del quehacer cartográfico. Estas cualidades llegan a ser básicas e indispensables en la realización de proyectos de sistemas de información geográfica, tanto conceptualmente como en los diversos métodos y técnicas requeridas para la conformación de productos geográfico-cartográficos.

En nuestro país, los cuadros de profesionistas que conllevan un cúmulo de conocimientos relacionados con técnicas para el manejo y análisis de productos fotogramétricos (fotografías aéreas, aerofotomosaicos, ortofotos, restituciones planimétricas) productos derivados de la teledetección espacial, manejo y análisis de bases de datos geoespaciales, generación de productos cartográficos de tipo temático y mediciones realizadas con sistemas de posicionamiento global, se cumplimentan en el perfil curricular del geógrafo (Philliponeau, 2001) por lo que son los profesionistas más adecuados para la resolución de problemas territoriales.

Los sistemas de información geográfica, inherentemente, buscan la explicación y/o respuestas a hechos y fenómenos que suceden en alguna porción de la superficie terrestre. Esto se logra en gran medida a través de la interrelación en el espacio y tiempo de los diferentes elementos del medio natural y humano participantes. Un proceso incipiente que nuestro país actualmente desarrolla con relación a la revalorización de la Geografía como ciencia de coyuntura para coadyuvar a la solución de problemas territoriales; así, los SIG emergen como una importante herramienta geográfica para entender y proponer acciones concretas. Para desarrollar proyectos SIG valdría la pena considerar lo señalado por autores como Philliponeau (2001:286): *"El campo de los SIG ha sido uno de los ámbitos profesionales de más rápido crecimiento; los geógrafos, como expertos en análisis espacial, fueron los creadores de los primeros SIG y establecieron sus fundamentos tecnológicos".*

¿Qué son los Sistemas de Información Geográfica?

En los últimos años se ha generalizado el uso del término Sistema de Información Geográfica (Geographical Information System - GIS) o SIG, por sus siglas en español. Los SIG han sido ampliamente utilizados para denominar el tratamiento de datos geográficos georreferenciados a través de medios automatizados. Existen diversas definiciones, con la consideración de que ninguna es universalmente aceptada por basarse en diferentes enfoques orientados a los procesos del sistema, su aplicación, las herramientas que debe contener o la estructura y eficiencia de la base de datos y sobre todo, el análisis y manejo de la información.

Previo a la definición de un SIG es importante analizar el término sistema, que es el eje rector del significado conceptual de un SIG. Un sistema se conceptualiza como el conjunto de elementos distintos e interrelacionados que funcionan como una entidad, con la característica de que un cambio particular en un elemento del sistema provocará una variación en el funcionamiento global. A partir de esta premisa un Sistema de Información Geográfica deberá trabajar bajo un enfoque integrador, que maneje de manera armónica y eficaz los distintos elementos que lo conforman.

Entre las definiciones de SIG más difundidas en la literatura están:

- Un sistema de información geográfica es definido como una combinación de elementos (hardware y software) para trabajar con datos espacialmente referenciados (Star y Estes, en: Price, 1990:3).
- Un sistema de información geográfica es un sistema computarizado que provee cuatro conjuntos de capacidades para operar sobre datos georreferenciados: entrada, almacenamiento y recuperación, manejo y análisis, y salida (Aronoff, 1993:39).
- Es un sistema diseñado para almacenar, procesar y mostrar en forma gráfica computarizada datos de naturaleza espacial (Guevara, 1992).
- Es un sistema de hardware, software y procedimientos diseñados para soportar la captura, el manejo, el análisis, el modelado y el despliegue de los datos espacialmente referenciados (georreferenciados) para la solución de los problemas del manejo y planeamiento territorial (David Rhind, 1988, en: Díaz, 1992:21).

De manera sintética (figura 2), un SIG debe ser entendido como la integración de elementos tales como datos geográficos, procedimientos, personal y un sistema informático conformado por software y hardware que permitan el manejo, análisis y modelación de fenómenos y procesos territoriales para la resolución de problemas con una connotación espacial.

Figura 2. Elementos constituyentes de un Sistema de Información Geográfica, SIG (en inglés, Geographical Information Systems, GIS)

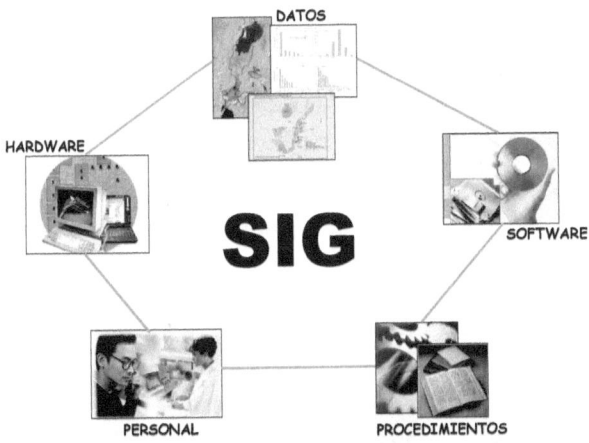

Fuente: Elaborado con base en información contenida en www.esri.com.

Para enriquecer esta parte conceptual, una definición que destaca por considerar los diferentes enfoques que en la actualidad tienen los SIG, es la que nos menciona Sorani (citado en Castellanos, 1993), que dice: "Existen diferentes enfoques que definen a un SIG:

a) Enfoque orientado a procesos. Conjunto de subsistemas que permiten la conversión de datos geográficos en información útil.

b) Enfoque orientado a la aplicación. Sistema de inventario de recursos naturales, urbanos, de planificación y evaluación de manejo, comando y control.

c) Enfoque orientado a una caja de herramientas. Sistema conformado por un conjunto sofisticado de procedimientos de cómputo y de algoritmos para manejar datos espaciales.

d) Enfoque orientado a una base de datos. Sistema que liga información geográfica con una base de datos alfanumérica."

Y un enfoque más de lo que es un SIG: un instrumento para la toma de decisiones toda vez que se ha construido una herramienta por demás versátil y con grandes capacidades para el manejo, análisis y modelación de datos cartográficos y estadísticos, y servir, de esta forma, como un medio para la generación de información que apoye la toma de decisiones. Bajo este enfoque, es claro que un SIG permite ser, en algunos casos, una pieza medular en la resolución de problemas territoriales. Cuando está concebido bajo este enfoque, por lo general a un nivel corporativo, toda institución puede estar direccionada a alimentar las bases de datos geoespaciales, realizar análisis considerando datos muy disímiles en su dimensión temática y tiene un desarrollo tal que los tomadores de decisiones consideran al SIG como instrumento imprescindible.

Es importante recordar que una parte del quehacer de las empresas y entidades gubernamentales es resolver problemas en los que de forma directa o indirecta está un componente territorial o geográfico. Algunos especialistas afirman que el sector gubernamental se caracteriza por tener dentro de un rango del 60 al 80% la necesidad de manejar, analizar y modelar datos territoriales y lograr una adecuada administración del territorio.

Si bien es claro que muchas entidades, sobre todo del sector gubernamental, requieren datos geográficos para conocer, analizar y resolver problemas territoriales, en muchos casos existe una considerable falta, no solo de los datos, sino de las herramientas para poder tomar decisiones. En este caso, los sistemas de información geográfica se constituyen como la única opción disponible para realizar diversos procesos que finalmente se traduzcan en generar información que sirva para la toma de decisiones.

Desde un punto de vista cognoscitivo, los sistemas de información geográfica son un instrumento a partir del cual se va a modelar la realidad (Aronoff, 1993); deben generar una abstracción de la realidad geográfica en la que solo se extraen los elementos más importantes para la simulación de un fenómeno. La conformación del sistema incluye la modelación de los datos, la determinación de los procesos en función de los modelos geográficos, la organización de los problemas y procedimientos a implementar y la tecnología necesaria (equipo y paquetes) para llevarlo a cabo.

Tecnológicamente, los SIG son resultado en gran medida de la convergencia de otras tecnologías que en común manejan y en ocasiones analizan datos espaciales (Antenucci, *et al.*, 1991). Entre las principales tecnologías que aportaron elementos para lograr la madurez actual en los sistemas de información geográfica están las siguientes:

- **Ciencias computacionales.** Proveen la tecnología para la captura de datos, su manejo, almacenamiento, análisis y salida por medio de software y hardware. Esta tecnología ha aportado los recursos para suplir las necesidades específicas de los SIG en cuanto a procesamiento numérico de datos por medio de procesadores más rápidos, mayores capacidades de memoria y espacio para el almacenamiento de datos por medio de dispositivos de gran capacidad, así como a través de lenguajes de programación y programas de cómputo más veloces, poderosos y analíticos.
- **Manejo de bases de datos.** Las nuevas tecnologías en el manejo

de la información aplicadas a los SIG permiten una organización y facultad para manejar y analizar enormes bases de datos gráficas y alfanuméricas de forma más sofisticada, haciendo el acceso a los datos más rápido, fácil y menos costoso. En este apartado, quedan claros los aportes de la tecnología DBMS (Data Base Management System) o sistemas manejadores de bases de datos para la gestión de bancos de datos geográficos digitales.

- **Cartografía.** Este quizá es uno de los elementos más importantes a considerar en el desarrollo de un proyecto SIG. Gran parte de los datos y en general la mayoría de los resultados son de tipo cartográfico. Por ello, esta disciplina aporta elementos de gran valor no solo para la confección, sino para el uso de mapas topográficos y temáticos. La cartografía aporta a proyectos SIG una gran cantidad de conceptos muy importantes como: generalización cartográfica, proyecciones cartográficas, métodos de representación cartográfica, el lenguaje semiológico, el diseño cartográfico, entre otros.

- **Fotogrametría y teledetección espacial.** Son técnicas que proveen de los datos para la conformación de cartografía base y cartografía temática a partir de la cual se derivan nuevos datos e información al ser aplicados procesos de manejo y análisis en la tecnología SIG. Durante varias décadas, la fotogrametría ha generado importantes productos como fotografías aéreas, aerofotomosaicos y ortofotos con alto grado de detalle, de los que se pueden extraer datos o restituciones a línea en dos y tres dimensiones. Por otro lado, la teledetección espacial, pasiva y activa, constituye hoy día una de las principales fuentes de datos para el desarrollo de proyectos geotecnológicos.

- **Comunicación de datos.** Esta nueva tecnología evoluciona a pasos agigantados la comunicación mundial permitiendo a través de sistemas telefónicos digitales, microondas y comunicación satelital, la transferencia masiva de datos así como la existencia de nodos clearinghouse. Además, existen otras tecnologías y métodos diferentes y derivados que, de igual manera, coadyuvan al desarrollo de los sistemas de información geográfica (ESRI, 1991; Price, 1990).

- **Análisis estadísticos y espaciales.** Proporcionan métodos y modelos para el análisis y síntesis de datos en un SIG. Procedimientos de análisis estadísticos, geoestadísticos y espaciales son los elementos más distintivos de los sistemas de información geográfica que permiten generar información a través del encuentro de patrones, correlaciones, comportamientos y tendencias.

- **Monitoreo.** El monitoreo comprende una serie de métodos para la comparación a través del tiempo de elementos geográficos con respecto a cuantificación, cualificación y su distribución en una determinada superficie terrestre.

* **Modelación.** Una concepción detallada de los procesos ambientales permite el desarrollo de representaciones que pueden ser usadas para predecir el resultado de un evento basado en la modificación de factores. Cada predicción es crítica para el oportuno desarrollo de planes de manejo de los recursos, por ejemplo: la generación de modelos puede predecir situaciones, lo que favorece al planificador ambiental para proponer acciones en pro de la sociedad y del ambiente natural.

El desarrollo de los SIG en los últimos lustros ha sido por demás impresionante. Hoy día, es posible contar con diversas fuentes de datos geográficas que van desde imágenes de satélite de alta resolución, que significan imágenes de la superficie de la tierra que tienen 60 centimetros de tamaño de pixel, imágenes de satélite que pueden ser adquiridas de noche, hasta datos derivados de sistemas de posicionamiento global que en tiempo real pueden mostrar la ubicación de vehículos. El desarrollo de la tecnología SIG en la parte del software es también digna de asombro, al permitir trabajar con bases de datos geoespaciales de gigabytes e incluso terabytes y con características muy heterogéneas en cuanto a formatos, estructuras y capacidades de análisis y modelación para satisfacer necesidades complejas por demás requeridas en la toma de decisiones territoriales.

Como en muchos casos, la tecnología está ahí, disponible, lista para ser empleada en la solución de problemas territoriales. Sin embargo, hay otros elementos que deben ser procurados para usar las tecnologías en beneficio del desarrollo social, económico o la conservación de los recursos naturales, entre otros, y que son el adecuado y preciso conocimiento del valor de la tecnología y su inscripción en el proceso de tomas de decisión, aunado a una voluntad política y gerencial para resolver realmente los problemas territoriales.

ELEMENTOS QUE CONFORMAN UN PROYECTO CON BASE EN UN SIG

Resulta importante hacer una caracterización y definición del papel que juegan los elementos que constituyen un desarrollo de sistema de información geográfica. Si bien en los apartados subsiguientes se detallan con cierta profundidad, es importante desde un principio destacar la importancia de cada uno de ellos en el marco de un proyecto SIG. Se ha mencionado que el hardware, software, datos geográficos, personal capacitado en la materia y procedimientos explícitamente definidos, son los elementos necesarios para generar un desarrollo SIG. Sin embargo, el desconocimiento y/o la práctica poco ética de compañías de software y hardware hacen parecer que un sistema de información geográfica es como tal los programas de cómputo, pero, en realidad es sólo una parte que en ocasiones es la menos importante. Conviene por tanto mencionar, de forma sintética, el papel de cada elemento y su relevancia en un proyecto SIG.

a) HARDWARE

Para el desarrollo de un proyecto SIG se requiere de equipo físico de cómputo o hardware, a fin de poder realizar cálculos numéricos en el orden de millones de operaciones por segundo, condición indispensable para el manejo y análisis de datos geográficos. El hardware posibilita el almacenamiento de datos en forma digital, así como el despliegue de resultados en diversas formas, sea por medios digitales o analógicamente por medio de impresiones. Un desarrollo SIG en función de la complejidad de los análisis a llevar a cabo, el volumen de información a manejar y analizar, demandará requerimientos de hardware muy específicos.

Los SIG pueden llegar a demandar procesadores muy veloces e incluso computadoras con más de un procesador, cantidades importantes en memoria RAM y espacio en disco duro para el almacenamiento de datos y tarjetas de video con gran cantidad de memoria para facilitar un despliegue rápido de elementos geográficos digitales complejos como visualizaciones de la realidad geográfica en tercera dimensión; monitores de gran tamaño para una mayor y mejor visualización de los datos, así como dispositivos especiales para el respaldo de la información, elementos que por lo general no se encuentran en tradicionales equipos de cómputo de oficina. Lo anterior nos lleva al punto de pensar que un proyecto SIG puede demandar recursos informáticos más complejos que los que tradicionalmente se usan en organizaciones gubernamentales o en empresas privadas. A pesar de que los costos pueden incrementarse, este componente no representa una gran complejidad en el contexto, aun considerando la instalación de decenas de computadoras en red. El equipo de cómputo existente en una organización puede ser actualizado e incrementarse su capacidad de almacenamiento en disco duro, memoria RAM, e incluso, pueden ser adquiridos procesadores más rápidos y escalar las características de procesamiento numérico en un computador.

El hardware en su mayoría es un problema económico para el desarrollo de un proyecto SIG. A precios actuales, con aproximadamente USD$2,000.00

se puede adquirir un equipo de cómputo con características por demás adecuadas para llevar a cabo procesos SIG sobre bancos de datos con relativa complejidad y volumen.

Es importante considerar que existen otros elementos de hardware que en ocasiones se deben tomar en cuenta para la realización de un proyecto SIG (figura 3). Plotters o dispositivos de impresión de gran tamaño, receptores GPS, cámaras digitales, impresoras y escáners, son un ejemplo de otros elementos de equipo físico que pueden ser requeridos. Conviene analizar desde una perspectiva de costo-beneficio, realmente que tan necesario puede ser la adquisición de esta infraestructura. Si se adquiere, por ejemplo, un plotter o una tableta digitalizadora y en el lapso de un año se han impreso 100 planos y digitalizado 50 mapas, conviene evaluar que tan adecuada fue o puede ser la adquisición.

Figura 3. Para la realización de proyectos SIG a nivel departamental o corporativo, se demandan diversos tipos de hardware que van desde computadores, impresoras, plotters hasta scanner de gran tamaño.

Fuente: Foto del Centro de Información Geográfica de la División de Ciencias e Ingeniería de la Universidad de Quintana Roo, México.

b) SOFTWARE

Los programas de cómputo son un elemento a considerar para el desarrollo de un proyecto SIG. El software (adquisición y uso) no se constituye como tal en un proyecto de sistemas de información geográfica. Los altos costos que implican en ocasiones la compra de equipo de cómputo SIG llega a representar la idea de que es la parte más importante, lo cual es un concepto erróneo.

El software como tal, no es la solución a un proyecto para dar respuestas a los problemas territoriales; es, al igual que el hardware, una pieza más para la construcción de un sistema eficaz en el manejo y análisis de datos territoriales. Actualmente, hay una gran cantidad de soluciones informáticas SIG, algunas tienen prácticamente costo cero por ser programas de cómputo *open source* o de libre distribución y hasta programas de decenas de miles de dólares (figuras 4 y 5).

Una pregunta que con mucha frecuencia se hace en el ámbito de proyectos de sistemas de información geográfica es ¿qué software es el mejor o más adecuado? Para dar respuesta a esta pregunta es fundamental un análisis detallado de cuáles son los requerimientos reales de los usuarios o la organización. Por ejemplo, se llega a presentar el caso de que ciertos proyectos SIG emplean programas de cómputo CAD para la creación de mapas; estos programas, con un costo superior a los USD$4,000.00, llegan a ser sumamente subutilizados porque para crear mapas digitales se emplean como máximo 25 comandos. Esto resulta de la falta de un proceso de evaluación detallado de requerimientos y búsqueda de información respecto a qué solución informática SIG es la más adecuada.

La definición de qué programa de cómputo SIG es idóneo no es una tarea sencilla. Se debe partir de un análisis global de lo que el proyecto demanda y debe estar escrito en un documento denominado Planeación del Sistema de Información Geográfica (Tomlinson, 2003). La determinación del programa de cómputo SIG debe estar basado en que procesos de creación de datos geoespaciales, manejo, análisis, modelación, producción cartográfica y administración deben ser realizados en el corto, mediano y largo plazo del proyecto; no menos importante, es la evaluación de los recursos económicos disponibles, curvas de aprendizaje y apropiación de la tecnología, entre otros aspectos.

Figura 4. Ejemplo de un visualizador de cartografía temática interactivo para la Cd. de Chetumal a nivel de área geoestadística básica realizado con programas de cómputo de bajo costo.

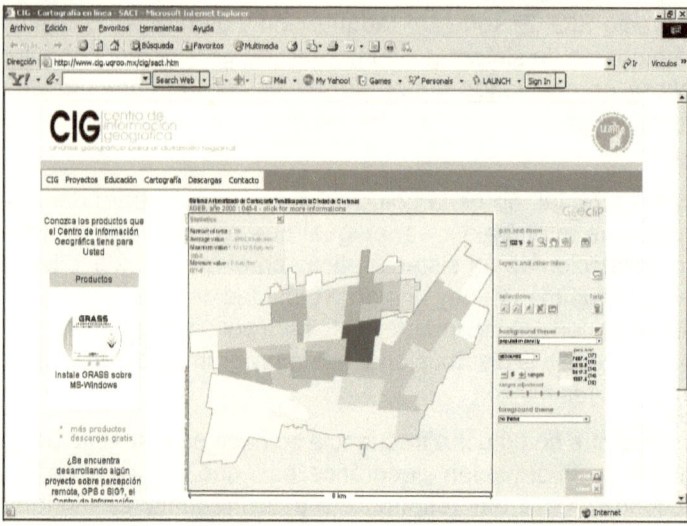

Fuente: www.cig.uqroo.mx., al año 2008

Figura 5. Ejemplo de un servidor cartográfico que tiene por objeto mostrar más de 1500 fotos aéreas no fotogramétricas de la línea de costa sur del estado de Quintana Roo, realizado con programas de cómputo gratuitos.

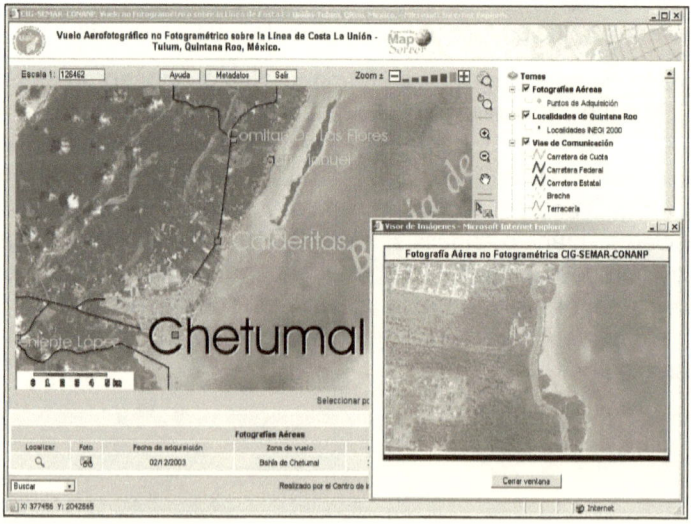

Fuente: www.cig.uqroo.mx., al año 2008

El software es sin duda el elemento de mayor complejidad tecnológica en un proyecto SIG. Los usuarios y operadores trabajarán con el software en forma cotidiana y tendrán que resolver una gran cantidad de problemas inherentes al contexto geoinformático. Sin embargo, esto se subsana si se cuenta con un adecuado nivel de desarrollo en otros elementos como lo son el personal capacitado y procedimientos explícitamente definidos.

A continuación, se listan algunas ideas que deben ser reflexionadas desde una perspectiva general de un proyecto SIG y que se desprenden de esta inadecuada y generalizada concepción de que los programas de cómputo llegan a significar propiamente un desarrollo de sistemas de información geográfica:

- La tecnología inscrita en los programas de cómputo es de una utilidad y capacidad para el manejo y análisis de datos espaciales sin precedentes; sin embargo, si no se tiene personal capacitado para su operación de nada servirá tener el mejor programa de cómputo.
- En proyectos SIG, este componente es un problema netamente económico. En pocos días una organización puede adquirir los programas de cómputo requeridos, sin embargo, ¿cuánto tiempo requiere el personal para aprender y adoptar esta nueva tecnología? La compra de un programa de cómputo en ocasiones se confunde con la compra de un sistema de información geográfica.
- Existe –como se mencionó antes- software de SIG gratuito y open source que puede llegar a significar una oportunidad para la resolución de muchos problemas territoriales. Los costos en capacitación suelen ser mal vistos en comparación con el pago de altos costos por concepto de programas de cómputo. No hay nada mejor en una organización que la inversión en capital humano y más aun cuando la inscripción de tecnología geoespacial debe mostrar utilidad para el cumplimiento de los mandatos estratégicos.
- Llega a suceder con mucha frecuencia que los programas de cómputo SIG son subutilizados. Licencias de más de USD$5,000.00 terminan siendo utilizadas para la digitalización de planos, para la realización de mapas temáticos o como simples visualizadores de datos cartográficos. Es imperante la revalorización de los procesos que requiera la organización y tomarlos como punto de partida para la definición y adquisición de la mejor arquitectura de software.
- En ocasiones, la inscripción de tecnología geoespacial en una organización debe ser un proceso paulatino, sobre todo por el hecho de que la velocidad de adopción y concepción es mucho menor a lo que significa la velocidad de integración a los procesos cotidianos de manejo y análisis de datos para la toma de decisiones.

c) Datos

El elemento datos es el más importante en un proyecto SIG. Si ante un determinado problema se tienen en cantidad y calidad los datos para abordarlo se podrán entonces obtener resultados adecuados. Este elemento es quizá el más subvalorado; la inversión hacia datos geográficos por parte de entidades gubernamentales es prácticamente inexistente. Hay instituciones de gobierno que tienen como meta la resolución de problemas territoriales y no cuentan con datos, entonces ¿cómo resolver un problema del territorio si no lo conozco? (figura 6). Bernhardsen (1999:12) hace mención que estudios llevados a cabo sobre agencias de gobierno local, indican que de todos los datos que manejan y analizan, un 80% son de carácter territorial; mientras los países industrializados gastan 0.5% de su producto interno bruto en datos, los países del tercer mundo lo hacen en un 0.1%.

Con frecuencia, las inversiones hechas a la parte informática en proyectos de sistemas de información geográfica superan considerablemente la parte de datos; el resultado es claro ¿será capaz el proyecto de resolver pro-blemas geográficos si no se tiene la suficiente cantidad de datos geoespaciales? Para la solución de diversos problemas territoriales de nuestro país es claro que no existen los datos suficientes; se dispone de algunos bancos de datos pero estos son muy generales o no cuentan con una calidad adecuada lo que da como resultado incertidumbre e incluso, poca aplicación de los resultados. La experiencia arroja que los datos pueden con-llevar más del 60% del costo total de un proyecto SIG, no sólo en el tiempo para su elaboración, sino también en lo que se refiere a los costos económicos (Domínguez, et al., 1998).

FIGURA 6. Datos son aquellas mediciones cualitativas y cuantitativas expresadas en capas geográficas o tablas estadísticas que al ingresar en un SIG son procesadas para generar productos de información para apoyar la toma de decisiones.

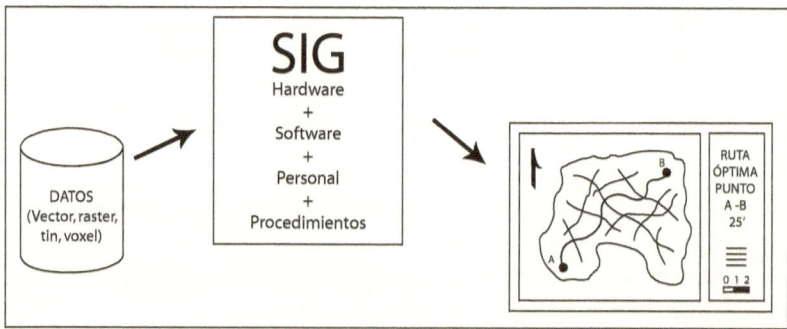

Fuente: Elaboración propia y modificado de ESRI, 2003.

En la realización de proyectos SIG es importante distinguir entre el concepto de datos e información. Los datos (ESRI, 2003) se constituyen como todo insumo en un sistema de información geográfica y son usados para producir información que será empleada para la toma de decisiones. Un mapa digital de calles con toda una serie de características como su nombre, dirección, número de carriles, velocidad promedio a una determinada hora del día, conectividad topológica, entre otros, se constituye como un ejemplo de datos geoespaciales. Si este mapa digital de ejes de calles es introducido a un sistema de información geográfica y se ejecutan una serie de operaciones que resultan en una ruta óptima para llegar de un punto A a un punto B y de esta forma disminuir los tiempos de respuesta en un sistema de seguridad pública para atender, por ejemplo, un linchamiento, este resultado derivado del proceso de análisis SIG es información que apoya la toma de decisiones.

Los datos que se utilizan en proyectos SIG son diversos y pueden ser:

1. Mapas y planos topográficos y temáticos
2. Imágenes de satélite pasivas
3. Imágenes de satélite activas
4. Fotografías aéreas
5. Ortofotos
6. Restituciones planimétricas
7. Levantamientos topográficos
8. Levantamientos GPS o geodésicos
9. Levantamientos LIDAR
10. Bases de datos estadísticas referenciadas de forma directa o indirecta
11. Otros

Los datos citados deben contar con una serie de características entre las que destacan una escala y una generalización cartográfica acorde al objetivo del proyecto, un determinado sistema de proyección y de referencia geodésica, el cumplimiento de ciertos estándares y especificaciones, así como una representación digital espacial con base en tres tipos de representaciones: vector, raster y TIN.

Los datos, como se ha reiterado en varias ocasiones, constituyen la parte más costosa de un proyecto SIG. Si, por ejemplo, el Gobierno del Distrito Federal decide construir un proyecto SIG encaminado a producir información que apoye la toma de decisiones en cuanto a la disminución de tiempos para atender emergencias, hay que imaginar el costo de producir un mapa de los ejes de calles de toda la Ciudad de México, los sentidos de las calles, atributos que reflejen un dato preciso del tiempo de recorrido tomando en cuenta los días y horas de la semana, topes, semáforos entre otros aspectos. La calidad de los datos puede reflejar costos muy altos incluso cuando la diferencia de la calidad es mínima (como se muestra en la figura 7); se aplica por tanto la regla que a mayor calidad mayor será el costo de los mismos.

Figura 7. A mayor calidad de los datos mayor costo, existiendo umbrales donde por el costo los requerimientos de calidad pueden no ser adecuados

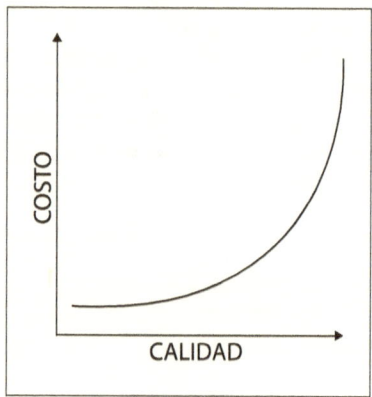

Fuente: Elaboración propia (2006).

La calidad de los datos geoespaciales a integrar en un SIG depende en gran medida de los objetivos planteados para el mismo. En el caso de un SIG con fines catastrales multifinalitarios es claro que la calidad de los datos debe ser muy alta, mientras que, por ejemplo, para fines de análisis de mercado, la calidad puede ser mucho menor. Diversos autores (Bernhardsen, 1999; Bocco y Palacio, 1996; Aronoff, 1993 y Castillo e Iturbe, 2003) ponen de manifiesto la importancia de la calidad de los datos en proyectos SIG y su impacto en los resultados. Además, es fundamental considerar diversos aspectos de los mismos tales como el linaje, la exactitud posicional, la exactitud en los atributos asociados, la completitud y la consistencia lógica.

La parte más importante de un SIG bajo la óptica de costos y el papel que juega para la resolución de problemas territoriales es el componente datos. Longley, Goodchild, Maguire y Rhind (ESRI, 2001:48) han puesto de manifiesto la importancia de abordar con detalle tecnológico y conceptual a la información geográfica como elemento vital para la toma de decisiones. Los autores abordan a profundidad los fundamentos científicos (GIScience), tecnológicos (GISystems) y como los SIG se inscriben y se aplican en el mundo real (GIStudies).

Es así, que estas tres vertientes en las que se aborda la información geográfica dan un esquema claro del ámbito de trabajo de los diversos especialistas que interactúan sobre la información geográfica; de tal forma que se tienen definidas las distintas líneas de desarrollo, por ejemplo, al responderse a la pregunta ¿qué tan larga es la línea de costa de un país cuando es medida en diferentes escalas geográficas?, esta recae en el ámbito de la ciencia de la información geográfica (GIScience). ¿Qué tipo de estructura de datos puede más eficazmente representar la línea de costa de un país?, es una pregunta que recae en el ámbito de los sistemas de información geográfica (GISystems). Finalmente, ¿cómo puede la zona costera de un país ser administrada de forma más eficiente con base en las necesidades de lo sectores de turismo, transporte y ecología?, es una pregunta que recae en el ámbito de los estudios basados en información geográfica (GIStudies).

Una parte indispensable de los datos que hoy día se deben considerar son los metadatos. Este concepto hace referencia a una descripción detallada de las características de los mismos. Llegan a ser tan importantes los metadatos que el juego de datos *per se* no tiene valor si no es incluido un archivo (por lo general en formato ASCII o XML) que describe con detalle el origen de los datos, la escala, el sistema de proyección, el linaje, entre otros.

D) PERSONAL

Personal capacitado y procedimientos explícitamente definidos son el resto de los elementos, que por lo general se conjugan, para dar como resultado un proyecto SIG exitoso. Es necesario considerar que no sólo en México, sino en otras partes del mundo es sensible una carencia de personal capacitado en materia de sistemas de información geográfica y una serie de disciplinas relacionadas como la percepción remota, fotogrametría, sistemas de posicionamiento global, entre otros. Un punto que pone en evidencia la carencia de personal capacitado en SIG en nuestro país es el número reducido de instituciones de educación superior que ofertan programas de licenciatura o postgrado en este contexto (figuras 8, 9, 10 y 11).

Figura 8. Número de instituciones de enseñanza geográfica por país en el 2002.

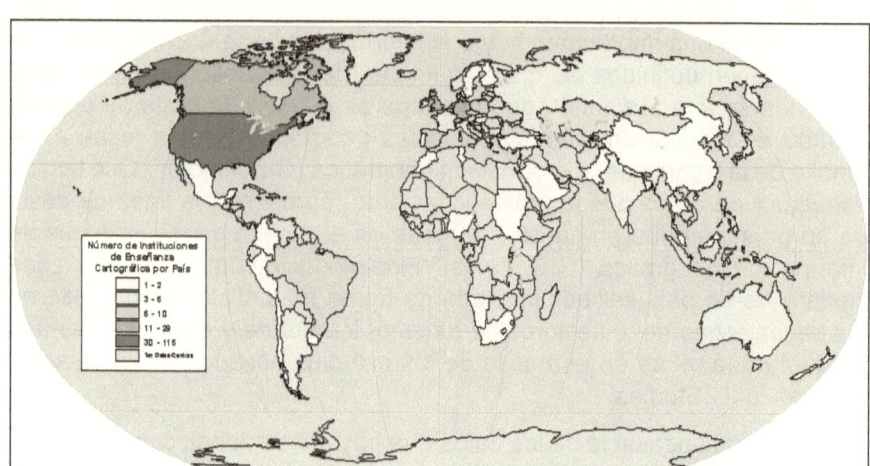

Fuente: Elaborado por los autores con base en datos de http://geowww.uibk.ac.at/geolinks/simple. html.

Figura 9. Número de instituciones de enseñanza cartográfica por país en el 2002.

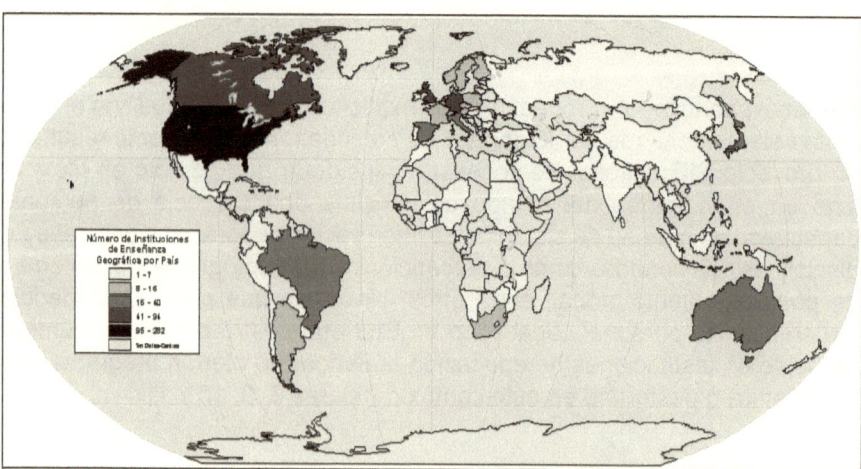

Fuente: Elaborado por los autores con base en datos de http://geowww.uibk.ac.at/geolinks/simple. html.

Figura 10. Número de instituciones de enseñanza SIG por país en el 2002.

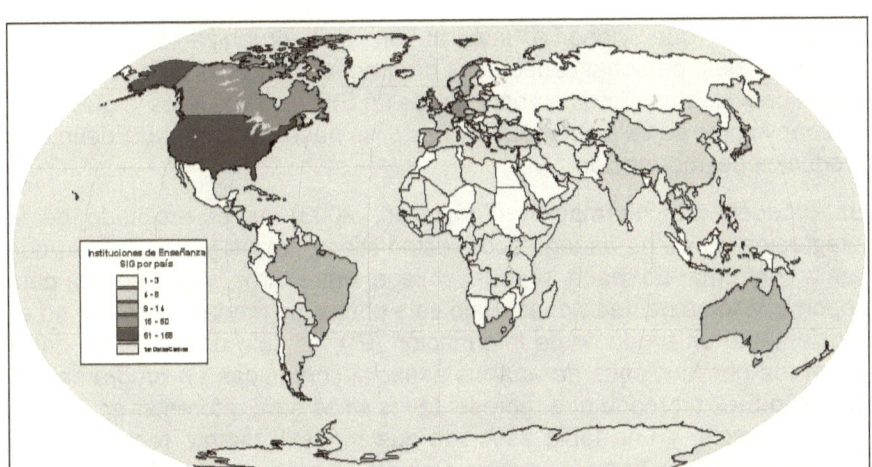

Fuente: Elaborado por los autores con base en datos de http://geowww.uibk.ac.at/geolinks/simple. html.

Figura 11. Número de instituciones de enseñanza en percepción remota por país en el 2002.

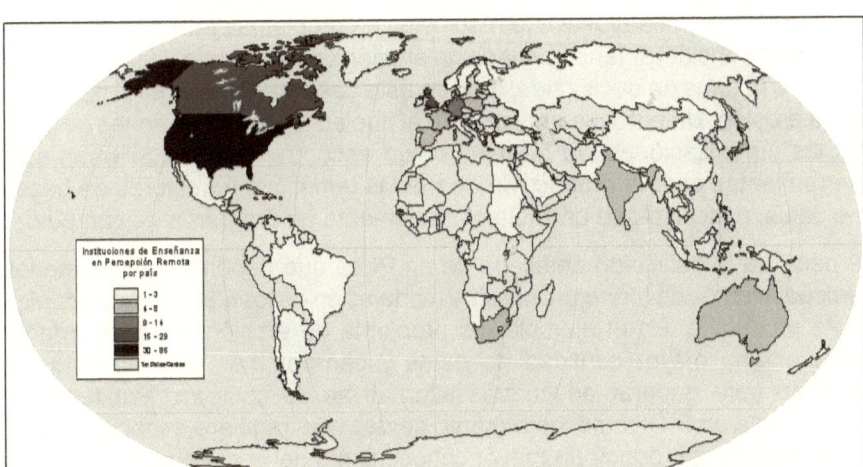

Fuente: Elaborado por los autores con base en datos de http://geowww.uibk.ac.at/geolinks/simple. html

E) PROCEDIMIENTOS

El elemento que viene a integrar en una organización los datos geoespaciales, personal capacitado, programas y equipos de cómputo son los procedimientos. Este componente de un SIG define que es lo que se va a hacer y cómo se va a obtener. Para esto, se hace indispensable definir los productos de información.

Un producto de información (Tomlinson, 2003) es el resultado de la integración de datos cartográficos, estadísticos, textos y/o imágenes que van a conformar un mapa, reporte, collage, entre otros, y que servirá para soportar la toma de decisiones. Bajo esta óptica, un mapa de erosión no es propiamente un producto de información (PI), es sólo una capa de datos generada por funciones de análisis espacial contenidas en programas de cómputo SIG; un mapa que represente los sitios para reforestar en X sitios con Y especie, y una tabla asociada que muestre cuánto representa de unidades, costos y tiempos, son un ejemplo de producto de información.

Lo anterior conlleva a destacar las diferencias en la visión de lo que es un SIG para dar solución a problemas territoriales y más aún evaluado en términos de costo-beneficio. Un mapa de erosión generado a partir de un modelo digital del terreno que tiene origen en un levantamiento lidar o por medio de un proceso fotogramétrico es sólo una capa de datos. Un SIG inscrito en una organización bajo un enfoque de ser un instrumento para la toma de decisiones y coadyuvar a la resolución de problemas territoriales deberá entonces considerar tener el mapa de erosión como un dato y un PI que sea útil para la toma de decisiones, que, en este caso, será resolver el problema de la erosión. Un enfoque muy distinto al que en muchas ocasiones se tiene en las organizaciones, ya que es común encontrar que los SIG son sólo herramientas para la producción de mapas temáticos o gestores de bases de datos, o incluso que un SIG es propiamente un programa de cómputo.

A partir de la definición detallada de un PI es que deberán describirse los procedimientos de manejo, análisis y modelación de los datos geoespaciales para producirlo. En el ejemplo del problema de erosión, será importante integrar una mayor cantidad de datos y generar más conocimiento del entorno para generar adecuadas alternativas de solución. Por tanto, el enfoque de un SIG como instrumento de decisión requiere especialistas en la materia para producir un mayor conocimiento del contexto.

Los procedimientos tienen un papel relevante al dejar en blanco y negro la secuencia de actividades que se desarrollaron o que hay que generar para producir un PI. Esto se traduce en que, ante cambios o rotaciones en el personal, documentos con procedimientos explícitos garanticen una rápida realización de los mismos. Por citar un ejemplo, en la mayoría de los municipios del país donde se utilizan sistemas de información geográfica, los procedimientos no existen y la alta rotación o cambios en el personal originan que se pierda no sólo tiempo, sino, incluso, la posibilidad de seguir generando los PI. Sin duda, un ejemplo del valor de este componente.

A partir de lo anterior, se tiene la posibilidad de medir el éxito de un proyecto SIG con base en la evaluación de la integración de los elementos que lo constituyen y, particularmente, la calidad en cumplimiento de los objetivos rectores que conllevan a la resolución de un problema territorial en específico. Existen diversos proyectos SIG exitosos que si bien no cuentan con software de empresas de SIG de relevancia mundial, emplean software gratuito disponible en Internet, hacen uso de PCs de bajo costo y orientan esfuerzos a la generación de bases de datos geográficas digitales de alta calidad, procesos de capacitación continua al personal favoreciendo la aplicación de métodos de manejo y análisis adecuados. Pero, sin lugar a dudas, una de las formas de evaluación más precisas de un proyecto SIG será el cumplimiento en forma, tiempo y costo de los objetivos primeramente planteados, relacionados con la resolución del problema territorial.

Se puede percibir por tanto que este texto profundizará los conceptos relacionados con los datos geográficos, parte más compleja y costosa en un proyecto de sistemas de información geográfica. Los SIG trabajan fundamentalmente con datos geográficos, es decir, de carácter espacial, procesados a través de medios automatizados. Los datos geográficos son objetos o fenómenos del mundo real que tienen una determinada ubicación en la superficie de la tierra y son descritos por uno o más atributos cualitativos o cuantitativos. De este modo, la información espacial es descrita en términos de la posición del objeto con respecto a un sistema de coordenadas, su temporalidad, los atributos de los objetos físicos asociados con su posición geográfica y las relaciones espaciales de los objetos (relaciones topológicas). Por ello, es importante distinguir la complejidad existente en los datos y la diferencia de las soluciones informáticas especializadas como los programas SIG que deben ser gestores de bases de datos con características muy particulares (Guimet, 1992).

Desarrollo histórico de los Sistemas de Información Geográfica

El devenir histórico de los SIG ha sido muy rápido y en menos de cuatro décadas se ha consolidado como el único medio para la resolución de problemas territoriales. Los SIG han alcanzado una madurez tal que las soluciones informáticas en el mercado prácticamente satisfacen la mayoría de los requerimientos de los usuarios en materia de manejo, análisis y modelación de datos geográficos.

La historia de los SIG puede retratarse de una forma tan extensa como detallados sean los eventos que impactaron en su desarrollo. Sin embargo, es posible seleccionar los eventos más importantes que coadyuvaron a tener lo que hoy día son los sistemas de información geográfica:[1]

Antes de 1950

Anterior a la década de los cincuenta, el manejo y análisis de datos cartográficos se basaba en mapas en formato analógico o impresos en diferentes tipos de papeles. Actividades tales como el cálculo de perímetros, áreas, distancias, eran realizadas de forma manual conllevado un considerable consumo de tiempo. En lo que respecta al análisis de tipo espacial, estos eran llevados a cabo a través de la sobreposición de mapas translúcidos, sobre una mesa luz y de forma manual eran cartografiadas las unidades, resultados de la intersección de los elementos. La actualización cartográfica era un problema serio y las técnicas fotomecánicas eran las principales utilizadas para crear, modificar o reproducir cartografía.

1950

En muchos países se inicia una política de restricción en el uso de mapas debido a cuestiones militares, mientras que en otros se incrementa la producción de Atlas (Unión de Repúblicas Socialistas Soviéticas, Inglaterra, Australia, India, Países Bajos, Estados Unidos, Canadá).

---

1 DOMÍNGUEZ, *et al.*, 1992 La mayor parte de esta sección es resultado del proyecto *GIS Time Line*. Puede consultarse directamente en la dirección: www.casa.ucl.ac.uk/gistimeline/1950.html.

1957-1959

En este periodo Waldo Tobler delinea un modelo llamado MIMO (Map In-Map Out) en el cual aplica la computación a la cartografía. Los principios del sistema MIMO fueron los orígenes para la geocodificación, la captura de los datos, análisis sencillos y el despliegue de información.

Se publican los sucesores de los primeros Atlas elaborados en Canadá mediante la tecnología de Cartografía Automatizada. También, dentro de este lapso de tiempo se establece la NASA (National Aeronautics Space Administration).

1963

Se desarrolla el Canada Geographic Information System (CGIS) lidereado por Roger Tomlinson. El desarrollo del sistema fue necesario para analizar el inventario de tierras de Canadá y pionero en muchos conceptos y procesos propios de los sistemas de información geográfica.

En este mismo año, se forma la Asociación de Sistemas de Información Urbanos y Regionales *(Urban and Regional Information Systems Asociation)*. URISA es una organización sin fines de lucro, conformada por profesionales que usan tecnologías de la información (entre ellas sistemas de información geográfica) para la resolución de problemas relativos a la planeación, los servicios públicos, medio ambiente, servicios de emergencia, utilidades, entre otros. Hoy día, esta asociación tiene miles de socios y es una de las más prestigiadas.

1964

El Laboratorio para Gráficos Computarizados en la Universidad de Harvard es establecido por Howard Fisher. Este laboratorio constituyó un importante centro de investigación y fue pionero en la creación de software para el manejo de datos espaciales. Muchas de las personas clave en el desarrollo ulterior de los SIG estudiaron o se desarrollaron en este lugar.

Se emplean los modelos georrelacionales de datos, mediante el uso y desarrollo de SYMAP (software pionero de SIG), CALFORM, SYMVU, GRID y POLYVRT.

1965

El SYMAP (SYnagraphic MApping System) fue uno de los primeros software en cartografía automatizada, desarrollado por Howard Fisher en el Instituto de Tecnología del Noroeste y completado en el Laboratorio de Gráficos de la Universidad de Harvard.

1967

El Bureau de Censos de los Estados Unidos genera los archivos DIME (Dual Independent Map Encoding). Este formato de datos geográficos digital fue usado para asociar espacialmente, los resultados de los censos en los Estados Unidos. George Farnsworth fue el promotor de esta iniciativa.

La Unidad de Cartografía Experimental (ECU) se establece en el Reino Unido, en Londres, en el Colegio Real de Arte, por David P. Bickmore.

AUTOMAP (Automatic Mapping System) fue desarrollado por la Agencia Central de Inteligencia de los Estados Unidos (CIA). El propósito de esta aplicación fue contar con información geográfica de referencia de todo el mundo, considerando capas temáticas básicas como límites político-administrativos, vías de comunicación terrestres, principales localidades, entre otros.

1968

El sistema de información para la transportación de Nueva York fue desarrollado por Robert Tweede, del Departamento de Transporte del Estado de Nueva York. Este desarrollo contempló procesos de manejo de datos geográficos con base en estructuras raster. El trabajo incorporó, entre otras cosas, uso del suelo geocodificado y características generales de viajes.

El satélite Apolo 8 de la NASA retorna a la Tierra con las primeras imágenes tomadas desde el espacio.

1969

La empresa ESRI (Environmental Systems Research Institute) fue fundada por Jack y Laura Dangermond.

Para ese mismo año, se funda la empresa Intergraph por Jim Meadlock (originalmente, la empresa se denominaba M&S Computing Inc.)

Se crea la empresa Laser-Scan, una de las mayores empresas de

SIG del mundo. Sus fundadores fueron tres académicos provenientes de los laboratorios Cavendish, en Cambridge, Reino Unido.

Ian McHarg's publica su libro *Design with Nature*. Gracias a esta publicación se popularizan las técnicas de sobreposición cartográfica.

1970

El Canada Geographic Information (CGIS) se encuentra en un estado completamente funcional.

MIADS/2 (Map Information and Display System) se constituyó como un sistema para el manejo de información geográfica en formato raster, con capacidades para la generación de productos analógicos en impresoras de línea y capacidades para la tabulación de sobreposiciones de mapas sencillos. Fue desarrollado por E. L. Amidon del Departamento de Agricultura de los Estados Unidos en Berkeley.

GEOMAP (Geographic Mapping Program) fue un sistema con capacidades para el manejo de datos en formato raster, similar a SYMAP. Con esta aplicación, se producían mapas de tipo coroplético o isarrítmicos sobre una impresora de línea. Este sistema de información fue desarrollado para Suiza por Dieter Steiner.

TOPIC fue un sistema desarrollado para la generación de líneas de visibilidad, basado en perfiles sobre datos altitudinales del terreno.

El Atlas Urbano de Jerusalem fue generado a partir de un banco de datos desarrollado de un inventario de manzanas y manejado en ambiente raster. Fue desarrollado por Arie Shachar en la Universidad Hebrea de Jerusalem.

El primer Simposio sobre Sistemas de Información Geográfica fue llevado a cabo en Ottawa, Canadá.

1971

El Sistema de Información de Inventario de Carreteras fue desarrollado por Robert Tweede del Departamento de Transporte de los Estados Unidos. Este inventario consideró características físicas de las redes de carreteras.

Se establece la National Oceanic and Atmospheric Administration (NOAA).

1972

Es lanzado el primer satélite de la serie LANDSAT (originalmente llamado ERTS-1).

IBM inicia el desarrollo de un sistema de información geográfica (GFIS).

El Sistema de Información General para la Planeación (GISP) es desarrollado por el Departamento del Ambiente, en el Reino Unido.

1973

El proyecto MAGI (Maryland Automatic Geographic Information) es uno de los primeros desarrollos de SIG a nivel estatal en los Estados Unidos.

La USGS (United States Geological Survey) inicia el desarrollo del Sistema de Recuperación y Análisis de Información Geográfica (GIRAS) para administrar y analizar las grandes bases de datos de recursos naturales creadas hasta ese momento.

1974

La primera conferencia de AUTOCARTO es realizada en septiembre de 1974, en Reston, Virginia, EUA.

1976

El Sistema de Información para la Administración del Suelo de Minnesota (MLMIS), se constituye como otro desarrollo de SIG a nivel estatal. Inicia en 1976 como un proyecto de investigación en el Centro para el Análisis Urbano y Regional, en la Universidad de Minnesota.

Se establecen diversos centros de desarrollo e investigación sobre fotogrametría, sensores remotos y Sistemas de Información Geográfica en Estados Unidos, Canadá, Australia e India.

1977

La USGS de los Estados Unidos genera el formato de datos espaciales DLG (Digital Line Graph).

1978

La empresa ERDAS es creada por Lawrie Jordan y Bruce Rado. Esta empresa es hoy día, líder en desarrollo de software para procesos de manejo y análisis de datos derivados de sistemas de percepción remota, tanto de tipo pasiva como activa.

El proyecto de sistemas de posicionamiento global (GPS) se encuentra en la Fase II con el lanzamiento de los primeros cuatro satélites de la serie NAVSTAR.

1979

El software de sistemas de información geográfica ODYSSEY es desarrollado en los laboratorios de la Universidad de Harvard. Se dice que es el primer software de SIG vectorial con altas capacidades de análisis y manejo de datos.

1980

Durante sus estudios doctorales en Yale, en la Escuela de Forestería y Estudios Ambientales, Dana Tomlin desarrolló el Map Analysis Package (MAP). Este software se constituyó como una aplicación para el manejo y análisis de datos en formato raster que fue instalado en miles de centros a lo largo del mundo por sus características ideales para la enseñanza.

1981

La empresa ESRI lanza al mercado el software de SIG Arc/INFO, uno de los más populares y con mayores capacidades de análisis espacial.

El proyecto GPS (Global Positioning System) o Sistema de Posicionamiento Global es totalmente operacional.

1982

Es fundada la compañía francesa Spot Image, que es la primer empresa establecida con el objeto de comercializar datos geográficos obtenidos por medio de satélites para la observación de la Tierra.

1983

ETAK es la primera compañía creada para la generación y venta de cartografía digital.

1984

El Primer Simposio internacional para el Manejo de Datos Espaciales es realizado.

Marble, Calkins y Peuquet publican *Lecturas Básicas en Sistemas de Información Geográfica*. Esta obra es de las más importantes por los excelentes conceptos y métodos en materia de SIG. Se le conoce como el Gran Libro de SIG.

1985

El Sistema de Apoyo para el Análisis de Recursos Geográficos (GRASS-Geographic Resources Analysis Support System) inicia su desarrollo en los Laboratorios de Investigación de Ingeniería para la Construcción en la Armada de los Estados Unidos.

1986

La empresa y el software Mapinfo son creados.

Peter Borrough publica su libro *Principles of Geographic Information Systems for Land Resources Assessment*. Este texto ha sido uno de los más importantes en la enseñanza de sistemas de información geográfica.

El primer satélite SPOT es lanzado por Francia, con participación de Suiza y Bélgica.

1987

Se publica el reporte Chorley en el Reino Unido, mismo que sienta las bases en muchas líneas para el desarrollo de actividades SIG a nivel nacional.

El *International Journal of Geographical Information Systems* es publicado.

El proyecto de creación del software de SIG IDRISI es iniciado por Ron Eastman en la Universidad de Clark.

El software SPANS es producido por la empresa Tydac.

1988

Inventory, el Laboratorio de Investigación Regional del Reino Unido es creado.

Se realiza la primera conferencia de la serie GIS/LIS.

La primer versión pública del formato digital TIGER (Topological Integrated Geographic Encoding Reference) es creado por el Bureau de Censos de los Estados Unidos.

La empresa Smallworld es fundada. Hoy día, el software Smallworld es uno de los más importantes para soluciones corporativas de manejo, administración y análisis de utilidades.

La Universidad Estatal de Nueva York genera la lista de discusión GIS-L en Internet.

El Centro Nacional para Información Geográfica y Análisis (NCGIA) es establecido en los Estados Unidos con un presupuesto de cerca de 10 millones de dólares.

Surge GEO WORLD, la primera revista mensual de SIG's en los EU.

1989

La Asociación de Información Geográfica (AGI) es formada en el Reino Unido. La AGI es un cuerpo nacional coordinador y normativo de actividades SIG.

Stan Aronoff publica su libro *Geographic Information Systems: A Management Perspective.*

La empresa Intergraph lanza al mercado su software de SIG MGE.

1991

Maguire, Goodchild y Rhind escriben el libro *Geographical Information Systems: Principles and Applications.* Este libro es considerado como de los más importantes en materia de SIG.

1992

RAMTECH Corporation, empresa establecida en 1965, inicia actividades SIG con énfasis en el desarrollo de soluciones AM/FM/ GIS y CAD&CAE.

La National Space Development Agency (NASDA), de Japón, lanza el satélite JERS-1.

En Líbano, la entidad responsable del servicio de electrificación (Electricite du Libau-EDL) decide reconstruir la red eléctrica nacional con base en un sistema de información geográfica.

1993

Se realizaron una serie de conferencias GISRUK.

El primer sitio web interactivo de tipo cartográfico es construido por Steve Putz y fue implementado como scripts en código Perl que acepta solicitudes para creación de mapas personalizados por el usuario.

1994

La University Consortium for Geographic Information Science (UCGIS) es una organización de universidades y centros de investigación sin fines de lucro que se dedica a avanzar en materia de entendimiento de procesos geográficos y relaciones espaciales.

La empresa PCI Geomatics de Canadá es creada.

El satélite pasivo hindú IRS-P2 es lanzado al espacio para tomar imágenes de la superficie terrestre.

1995

El software Mapinfo Professional es lanzado al mercado.

El satélite de percepción remota activo canadiense RADARSAT es lanzado al espacio.

1996

Es establecido el Centro para Análisis Espaciales Avanzados en los Estados Unidos. Tej Technologies, es una empresa autorizada para comercializar los productos GPS Ashtech Precision.

1998

Terraserver es un proyecto iniciado por la empresa Aerial Images (imágenes de satélite rusas con 1.56 metros de resolución), Microsoft, la USGS y Compaq. Terraserver comercializa imágenes de satélite de alta resolución en línea por Internet.

1999

Longley, Goodchild, Maguire y Rhind escriben el libro *Geographical Information Systems: Principles, Techniques, Applications and Management*. Es la segunda edición del "Gran Libro de SIG".

Son lanzados al espacio el satélite Landsat 7 que lleva el sensor Enhanced Thematic Mapper Plus (ETM+) y el satélite IKONOS que genera imágenes de la superficie terrestre con un metro de resolución espacial.

2000

Estados Unidos falla la puesta en órbita del satélite QuickBird 1, que pretendía capturar datos de la superficie terrestre en modo pancromático con resolución espacial de 5 metros.

2001

Es lanzado al espacio el satélite QuickBird 2, que envía imágenes de la Tierra con una resolución de 60 centímetros en modo pancromático y 2.40 metros en modo multiespectral.

2002

En mayo, fue puesto en órbita sobre la Tierra el satélite SPOT 5, que provee datos pancromáticos a una resolución de 2.5 metros y datos multiespectrales a 5 metros de resolución espacial. Además, puede realizar modelos digitales del terreno con una resolución de 10m.

2003

La primera estación receptora de imágenes de satélite SPOT es puesta en América Latina, en México, y es administrada por la Secretaría de Marina. Se le conoce como estación receptora ERMEXS.

Empiezan a observarse avances en materia de Inteligencia Geoespacial contra el terrorismo resultado del ataque del 11 de septiembre de 2001, al tener los Estados Unidos proyectos SIG desarrollados para tal propósito integrados a nivel nacional para las principales ciudades de ese país.

2004

Es lanzada al mercado la versión 9.0 de ArcGIS, que marca un hito en soluciones de SIG totalmente interoperables con sistemas manejadores de bases de datos que almacenan los datos geoespaciales. Esta versión cuenta con las más avanzadas capacidades de análisis y modelación de datos geoespaciales.

China a través de la Asociación China de SIG y el Centro Geomático Nacional de China han sentado las bases para emplear a los SIG como parte de su e-Goverment y soportar decisiones que coadyuven al sostenimiento de su desarrollo económico.

Como se puede apreciar, el desarrollo de los SIG se ha dado con mayor énfasis en países como Estados Unidos, Canadá, Inglaterra, Francia, Japón e India. Es claro que muchos otros países han aportado a lo largo del tiempo importantes elementos que resultan en la configuración actual del desarrollo SIG; sin embargo, los países citados son los que tienen actualmente un mayor avance en materia de SIG, percepción remota y otras geotecnologías relacionadas. Sin lugar a dudas, los países que están a la vanguardia en desarrollo tecnológico y generación de recursos humanos altamente capacitados y que, de una u otra forma, impactan a nuestro país son Canadá y Estados Unidos.

Para enriquecer el proceso de evolución de los SIG, es necesario integrar la perspectiva de Antenucci y coautores (1991:22). Ellos hacen una excelente recopilación de los principales eventos y la evolución de los SIG desde diferentes puntos de vista o enfoques para las cuatro primeras décadas de desarrollo. La evolución de los SIG debe verse no como un suceso aislado, sino como la conjunción de diversos factores en desarrollo.

Por ejemplo, como cita Antenucci *et al* (Ibid), el surgimiento de las computadoras electrónicas en la década de los cincuenta abre la perspectiva de automatizar ciertos procesos cartográficos antes realizados de forma manual. La creación en la década de los sesenta de las tabletas digitalizadoras, los plotters, terminales gráficas de 16 bits e incluso soluciones informáticas (software) marcan la pauta para direccionar el mejoramiento o la generación de periféricos que coadyuven al desarrollo de los SIG. La tecnología computacional en la década de los setenta y ochenta tiene ya una ramificación importante hacia la generación y producción de equipo que constituya el mejor soporte para la realización de actividades SIG.

Para el caso particular de las empresas o vendedores, estos surgen desde la década de los sesenta y nacen como proveedores de soluciones en informática que comienzan a poner en la mano de diversas instituciones y organizaciones las herramientas para realizar proyectos SIG. Dentro de los usuarios más importantes a lo largo de la historia de los SIG que han adoptado esta geotecnología se encuentran los sectores militar, gubernamental, el sector privado, y, por supuesto, el ámbito académico y de investigación.

Las aplicaciones más importantes de los SIG desde la década de los cincuenta hasta los ochenta se han inscrito en campos tales como la inteligencia militar, industria del petróleo, meteorología, transporte, educación e investigación, recursos naturales, planeación urbana, administración de infraestructura, geopolítica, epidemiología, investigación de mercados y logística. Hoy día, la lista es mucho más amplia y seguramente irá en aumento conforme nuevas necesidades en materia de resolución de problemas territoriales surjan.

En nuestro país, el desarrollo de los SIG no ha quedado al margen. De acuerdo con Salmán (1992) desde hace más de 15 años en México, se tienen experiencias valiosas en materia de sistemas de información geográfica; se han desarrollado marcos conceptuales y métodos operativos que se pueden aprovechar en las nuevas tecnologías, ya sea evaluándolas críticamente ó integrándolas a los sistemas actuales.

Moreno (1993, en: Bocco y Palacio, 1996) menciona que a partir de los últimos seis años es cuando la curva de desarrollo de los SIG se ha tornado exponencial en diferentes ámbitos (gubernamental, académico y en el sector privado). Coincidimos en que es en la década de los noventa, cuando México inicia un verdadero interés y se avalanza a la adopción de los SIG como el instrumento tecnológico ideal para la resolución de problemas territoriales.

Resulta comprometido hacer un listado de los principales actores del desarrollo de los SIG en México tanto por el desconocimiento de los autores, así como por la falta de un estudio real sobre este tópico. Sin embargo, se puede mencionar que algunas instancias han jugado un papel por demás importante en el desarrollo de sistemas de información geográfica en el país, entre los que se pueden citar al Instituto de Geografía de la UNAM, quien desarrolló los primeros inventarios nacionales forestales usando percepción remota pasiva.

El Instituto Mexicano del Transporte, aplicando la tecnología de sistemas de posicionamiento global, ha realizado el inventario de toda la red carretera pavimentada y no pavimentada del país. No solo se han georreferenciado más de 200,000 kms de elementos lineales, sino también elementos de carácter puntual tales como señalamientos, intersecciones con líneas de ferrocarril o casetas de cobro.

Esta base de datos en ambiente SIG ha sido la base para realizar una cantidad importante de estudios como el caso del análisis de la ubicación de accidentes por medio de segmentación dinámica, el impacto de las carreteras al medio ambiente, entre otros.

La Comisión Nacional para el Conocimiento y Uso de la Biodiversidad (CONABIO) ha utilizado a los sistemas de información geográfica para almacenar, mapear, analizar y modelar diferentes aspectos de sitios de colectas de flora y fauna. En su portal de Internet (www.conabio.gob.mx) se puede acceder a una cantidad importante de datos y al Sistema Nacional de Biodiversidad, proyecto que en estos momentos se direcciona a un datawarehouse con relación a datos de tipo biológico. La CONABIO cuenta con una estación receptora de imágenes MODIS y AVHRR empleadas para darle seguimiento a los cambios de la vegetación en forma estacional, así como para la detección de puntos de calor con la finalidad de dar una respuesta más rápida ante la detonación de incendios forestales.

Centro Geo destaca a nivel nacional al ser la única institución que a la fecha oferta una maestría y un doctorado en Geomática, favoreciendo con esto la formación de cuadros altamente especializados en la materia y que son esenciales para la resolución de muchos problemas territoriales.

El Colegio de Tlaxcala, A. C. ha iniciado la creación de un Centro de Análisis Territorial (CAT) que se concibe como una unidad especializada en el análisis y modelación de datos geoespaciales para coadyuvar al desarrollo regional. Este tipo de centros vienen a llenar un vacío importante en los contextos estatales, ya que permiten incrementar los niveles de aplicación de conocimiento geoespacial a niveles municipal y estatal.

El Colegio de la Frontera Sur (ECOSUR) y el Colegio de la Frontera Norte (COLEF), de igual forma, han adoptado desde hace lustros a los SIG como instrumentos para el análisis del territorio en sus respectivas líneas de investigación. Destaca el ECOSUR por las exitosas aplicaciones de SIG al conocimiento, uso y protección de la biodiversidad, principalmente en diversas regiones del estado de Chiapas.

Otro punto de referencia lo constituye la Facultad de Geografía de la Universidad Autónoma del Estado de México (UAEM). En esta facultad se generó la primera especialidad en Cartografía Automatizada y Sistemas de Información Geográfica y tiene el primer programa de licenciatura en México exclusivamente dedicado a la formación de recursos humanos en materia geotecnológica.

La Universidad Autónoma Metropolitana ha participado en la formación de recursos humanos en geotecnologías a través de un diplomado sobre aplicaciones de los SIG y Teledetección.

El Instituto Politécnico Nacional también se ha consolidado, hoy día, como un importante punto de desarrollo de proyectos SIG e incluso con amplia experiencia y reconocimiento nacional.

La Universidad de Colima es otra institución que también ha destacado en este contexto por desarrollar una Maestría en Geomática, siendo tal vez el primer postgrado con relación a los SIG en el país. La Universidad de Guanajuato ha sido pionera en la adopción de la Geomática al generar programas de licenciatura con esta línea de especialización.

La Universidad de Quintana Roo ha consolidado una importante área de sistemas de información geográfica; a través del Centro de Información Geográfica de la División de Ciencias e Ingeniería se ha diseñado e impartido un diplomado en el estado de Quintana Roo y en otros estados del país. Ha generado importantes proyectos de extensión con base en la aplicación de los sistemas de información geográfica y otras geotecnologías.

Empresas y organizaciones destacan también por el desarrollo de diversos proyectos de cartografía automatizada, de Sistemas de Información Geográfica y de tipo AM/FM/GIS. Se pueden citar, por ejemplo, los desarrollos al interior de la Comisión Federal de Electricidad, Petróleos

Mexicanos, la Comisión Nacional del Agua, entre otros. Es quizá el sector con mayor capacidad tecnológica instalada por las facilidades económicas para su adquisición.

Al igual que en los Estados Unidos, la parte empresarial ha tenido un desarrollo significativo. En internet, suman decenas las empresas mexicanas que ofertan servicios para el desarrollo de proyectos SIG y para la generación de bancos de datos geográficos digitales.

Finalmente, numerosas entidades gubernamentales han adoptado los SIG para satisfacer sus requerimientos en materia de producción cartográfica, consulta, visualización, generación de bases de datos geográficas digitales, análisis territorial, entre otros procesos. Destaca en este contexto el estado de Guanajuato con su sistema de información geográfica para la planeación estratégica territorial.

Si bien en nuestro país los SIG cuentan con varios años de vida, existen divergencias en su desarrollo. Como un resultado más de políticas publicas erróneas, es en el centro del país donde existe el mayor desarrollo SIG, el mayor número de profesionistas relacionados con esta geotecnología, la mayor cantidad de datos geográficos digitales a diversas escalas, temáticas y temporalidad y otra serie de elementos requeridos para el desarrollo de proyectos SIG. En la mayoría de los estados del país, los proyectos de SIG son escasos y las aplicaciones existentes son unicamente para la producción de cartografía temática. A nivel nacional, la mayoría de los municipios carecen de sistemas de información geográfica que permitan realizar de forma estratégica actividades de planeación urbana, recaudación y gestión catastral, entre otros aspectos. Sin embargo, también hay grandes contrastes. Solo instituciones grandes, con recursos, son las que tienen y pueden adoptar la tecnología SIG. Muchos municipios no cuentan con ella.

Existe un gran abanico de usuarios y un potencial muy grande para que los profesionistas de las ciencias de la Tierra empleen SIG para coadyuvar a las tareas de investigación, gestión y administración de recursos y solución de problemas espaciales. Los SIG en nuestro país tienen cierta trayectoria y un sinfín de aplicaciones que van desde los tradicionales estudios de inventario de los recursos naturales, la recaudación tributaria (catastro), hasta SIG aplicados al marketing, la ingeniería de telecomunicaciones, la modelación hidrológica, el análisis urbano-regional, el ordenamiento territorial y la protección civil, entre otros muchos ejemplos. Pero si algo es cierto es que el desarrollo de proyectos SIG se basa, en gran medida, en un proceso de adopción tecnológica; prácticamente, nuestro país no ha generado tecnología de software lo que representa problemas para la adquisición de datos geográficos a gran escala. Los costos de la tecnología

SIG en muchos casos son altos y prohibitivos para muchos ayuntamientos y organizaciones pequeñas; esto realmente constituye un problema que frena la resolución de muchos problemas territoriales. Países como Brasil o Colombia nos llevan mucha ventaja sobre esto.

México cuenta con numerosos casos de desarrollo de proyectos SIG; algunos se han visto colmados de éxitos y otros de fracasos. Los SIG no son soluciones, por lo general son vistos como software para generar de forma mágica o espontánea soluciones a problemas territoriales. Un proyecto exitoso de SIG debe articular y armonizar los flujos entre sus elementos constituyentes: hardware-software-datos-personal-procedimientos.   Sin embargo, se ha iniciado una línea de crecimiento para el desarrollo de proyectos SIG a nivel municipal e incluso a nivel estatal. Cada uno de ellos, con diferentes objetivos y metas, tienen que saltar obstáculos muy diferentes que van desde un financiamiento escaso, falta de consenso entre dependencias relacionadas (cultura organizacional) e incluso un respeto para las responsabilidades de cada una de las dependencias. Un desarrollo SIG con objetivos sólidos, concretos y coherentes con base en necesidades reales, soportado por personal altamente capacitado, con los recursos necesarios y el empleo de metodologías adecuadas, va camino al éxito.

Sin temor a equivocación, los casos exitosos están acompañados de personal altamente capacitado y un adecuado seguimiento de las metodologías explícitamente diseñadas para la delineación conceptual y desarrollo de SIG. Aquellos proyectos cuyos resultados carecen de correspondencia con los recursos originalmente asignados y sus productos son cuestionables, lo más probable es que se deba o sea causa de la falta de capacidad y/o capacitación del personal tanto gerencial como técnico que realizó el proyecto.

A pesar de haber transcurrido casi 40 años de historia de los SIG, aún existen contradicciones en el empleo de estas herramientas. Un gran número de instituciones gubernamentales e incluso de índole académica, adoptan y denominan erróneamente desarrollos de sistemas de información geográfica a proyectos con muchas deficiencias, que van desde una pobre estructuración de los datos digitales, el empleo de herramientas de diseño gráfico, de diseño arquitectónico y de ingeniería para el análisis territorial, hasta la falta de procesos de análisis y modelación de los datos, fin último de los SIG.

La solución de problemas territoriales con base en el manejo y análisis de datos geográficos empleando tecnología SIG es un reto para los profesionistas de las ciencias de la Tierra y de otras áreas relacionadas con el espacio geográfico. El conocimiento y uso adecuado de conceptos y métodos SIG permitirán seguir hacia la línea de éxito para su diseño y puesta a punto; esto permitirá distinguir fácilmente entre soluciones sencillas, como la elaborada por el Dr. Snow con pocos recursos, hasta aquellas soluciones que deban utilizar redes de computadoras, decenas de miles de dólares en software y personal altamente especializado como el caso de proyectos encaminados, por ejemplo, al manejo y análisis del catastro multifinalitario en las grandes ciudades de México.

SISTEMAS DE INFORMACIÓN GEOGRÁFICA: UNA HERRAMIENTA PARA LA SOLUCIÓN DE PROBLEMAS TERRITORIALES

Hace más de 40 años que en Canadá se hacían preguntas acerca de cuáles eran las zonas más apropiadas para la preservación, restauración y explotación de los recursos naturales. Un planteamiento en principio sencillo, pero que tenía de trasfondo la necesidad de manejar y analizar una gran cantidad de datos territoriales. Este cuestionamiento no era nada fácil de resolver en un país con tan vasta y compleja extensión territorial.

En la década de los sesenta, existía un vacío importante en cuanto a herramientas y métodos para realizar procesos de manejo y análisis de datos geográficos. Era evidente la necesidad de contar con una tecnología que brindara los procesos necesarios para la creación y adquisición de datos geográficos, su manejo, el análisis y la producción de resultados que conllevaran a la mejor alternativa de solución y la respectiva difusión de resultados. Bajo estas premisas nacen en Canadá los sistemas de información geográfica.

Lo que nace en Canadá como Geomática y en Estados Unidos como Sistemas de Información Geográfica (SIG), son fundamentalmente herramientas y métodos que permiten gestar cambios importantes en torno a los procesos de consulta, visualización, manejo, análisis, modelación y generación de distintos productos cartográficos, gráficos y reportes alfanuméricos que conllevan a las mejores alternativas de solución para un problema territorial.

St. Laurent (1998) menciona que la Geomática es una disciplina científico-técnica que integra ciencias de la Tierra y tecnologías informáticas relacionadas para el manejo y análisis de la información, y con ello, abordar estu dios del territorio y dar soluciones a los distintos problemas espaciales. La Geomática y los SIG realizan procesos relativos a la adquisición de datos, su estructuración, análisis y difusión. Las diferentes aplicaciones de los SIG permiten abordar prácticamente cualquier demanda a respuestas territoriales. Hoy día, la aplicación de los SIG tiene numerosas utilidades y se ha consolidado como la única herramienta que permite tratar y dar respuestas a problemas espaciales. Para dar una idea de la amplia gama de aplicacio nes de los SIG, a continuación, se detallan algunos ejemplos de utilización:

- Con base en desarrollos SIG, las compañías de seguros pueden realizar análisis detallados del territorio en los que identifiquen el grado de riesgo por incidentes naturales o antrópicos a que están sujetos los asegurados y cobrar cuotas más precisas.
- Los bancos pueden conocer cuál es el mejor sitio en una ciudad para la ubicación de cajeros automáticos, una vez que se conocen mejor las afluencias y capacidades socioeconómicas de la población.
- Los SIG coadyuvan a las tareas de planificación urbana y regional en administraciones municipales y estatales. En este tipo de aplicaciones, los SIG se convierten en motores para la toma de decisiones en pro del desarrollo económico (figura 12).

En el siguiente mapa se representa el nivel de urbanización del estado de Tlaxcala para el año 2000, en el cual se aprecia un intenso proceso de urbanización, sobre todo, en la parte sur y noroeste del estado, municipios en los que se obtuvieron valores que van desde los medios, altos y muy altos niveles de urbanización. Esta situación puede relacionarce con dos aspectos: por un lado, la influencia de la corona regional de la ciudad de México en general y particularmente de la zona metropolitana Puebla-Tlaxcala o como influencia del corredor comercial que va de la ciudad de México a Veracruz; por otro lado, en el caso de la porción Noroeste (NO), destacan los municipios de Calpulalpan y Nanacamilpa con niveles medio y alto de urbanización, territorios que están recibiendo influencia directa de los estados de México e Hidalgo, como consecuencia entre otras cosas, de su colindancia. Finalmente, se observa que los niveles de urbanización bajo y muy bajo se localizan en la parte central del territorio estatal, debido a que son municipios que aún cuentan con localidades dispersas, con menos de 15,000 habitantes y un predominio de actividades primarias.

Figura 12. Nivel de urbanización del estado de Tlaxcala, 2000.

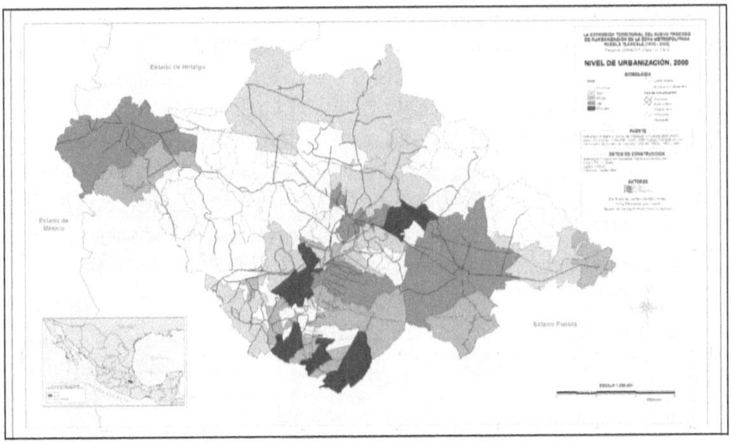

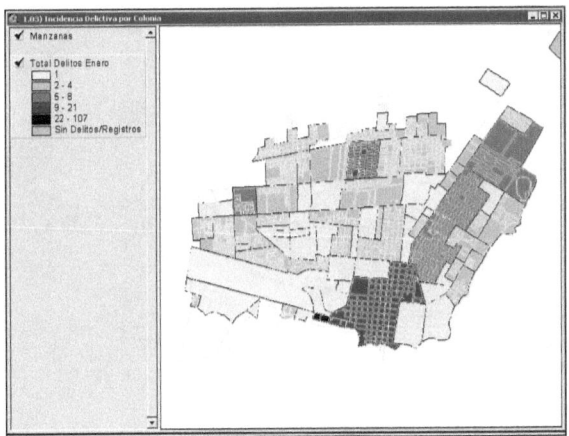

Fuente: Elaborado por el Centro de Análisis Territorial del Colegio de Tlaxcala.

• **Áreas de seguridad pública** pueden analizar e investigar los índices de criminalidad por zonas geográficas y encontrar con precisión dónde están las áreas con determinados tipos y niveles de inseguridad (figura 13).

Figura 13. Imagen que muestra el número de delitos en el mes de enero de 2001 en la Cd. de Chetumal, Quintana Roo.

Fuente: Elaborado por el Centro de Información Geográfica de la División de Ciencias e Ingeniería de la Universidad de Quintana Roo.

- Los sistemas de información geográfica son herramientas que pueden ayudar a los empresarios a localizar las mejores ubicaciones para comercios y nuevas sucursales.
- Las áreas de ventas de las empresas pueden conocer qué pasa exactamente en cada territorio y proponer estrategias más precisas de marketing y geomarketing.
- Los SIG en las empresas telefónicas sirven para llevar a cabo la administración de sus rutas de fibra óptica, determinar con precisión la ubicación óptima de antenas de telecomunicación y administrar las utilidades de red de cobre en procesos de ingeniería de construcción, mantenimiento preventivo y correctivo.
- Las compañías que distribuyen productos a nivel urbano o regional optimizan las rutas de entrega de sus camiones repartidores con un significativo ahorro de tiempo y combustible (figura 14).

Figura 14. Ejemplo de la ruta más corta que debe seguir un camión repartidor de productos lácteos perecederos considerando nueve puntos de venta. Nótese que no sólo se puede obtener la ruta, sino también el reporte de direcciones y distancias.

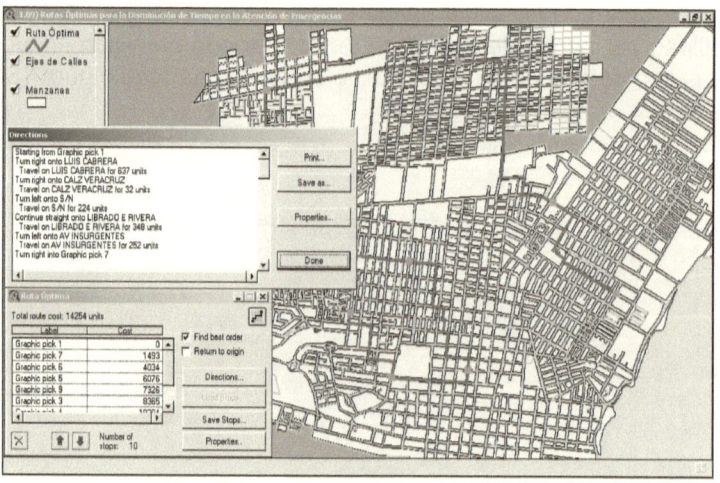

Fuente: Elaborado por el Centro de Información Geográfica de la División de Ciencias e Ingeniería de la Universidad de Quintana Roo.

- Las agencias de seguridad realizan rutas de forma preventiva y con un mayor nivel de inteligencia geoespacial.
- Los investigadores de mercado descubren nuevas tendencias o hábitos de consumo.

- Empresas que demanden resolver servicios a nivel de direcciones pueden hacerlo más rápido por conocer que centro de servicio está más cercano al cliente.
- Los SIG junto con los Sistemas de Posicionamiento Global y percepción remota permiten el ahorro de dinero al determinar con detalle las zonas de cultivo que necesitan fertilizantes y plaguicidas.
- Los SIG permiten resolver problemas relativos a la educación en cuanto a cuál es el sitio más idóneo para la construcción de una escuela o bien, cuáles son los alumnos que deben asistir a un determinado colegio en función de la cercanía que tienen a un centro educativo. Además, pueden planificar las rutas de autobuses escolares.
- Los ingenieros medioambientales pueden detectar donde se encuentran los materiales peligrosos una vez derramados en tierra o en agua.
- Los franquiciadores pueden seleccionar las localidades a nivel región o estado que más satisfagan determinados perfiles demográficos y socioeconómicos.
- La milicia encuentra a los SIG como importantes herramientas para el análisis y generación de estrategias bélicas y de combate. Se pueden abordar elementos tales como cuál es la mejor ruta para incursionar tropas en un territorio o proponer estrategias al conocer la ubicación del enemigo.
- Agencias de seguridad pueden crear aplicaciones para, en tiempo real, saber cuál es la posición en el territorio donde se encuentran patrullas y atender con mayor rapidez llamadas de emergencia.
- Los gobiernos locales con la tecnología SIG pueden tener sistemas de catastro multifinalitario, de tal forma que les permita saber con detalle dónde se encuentran los predios que no están dados de alta en el padrón catastral, así como determinar con mayor precisión porcentajes de incremento o decremento de tarifas prediales considerando servicios públicos y características urbanas específicas. Estos sistemas pueden ser utilizados para tareas de planificación de rutas de recolección de basura, desarrollo urbano, construcción y mantenimiento de redes de agua potable y alcantarillado, entre otros aspectos.
- En bienes raíces, los SIG pueden ser aplicados para determinar que casa o predio en renta o venta tiene a su alrededor determinados comercios, servicios públicos, niveles de seguridad, características socioeconómicas, entre otros aspectos (figura 15).

Si bien el objetivo de los SIG es el análisis y la modelación territorial, hoy día se utilizan para la generación de cartografía temática de diversos tópicos socioeconómicos, así como para la producción de cartografía topográfica a diferentes escalas territoriales.

Figura 15. Ejemplo de mapa socioeconómico que muestra el porcentaje de la población de 15 a 19 años con respecto a la población total en la Cd. de Chetumal, Quintana Roo según su distribución por área geoestadística básica al año 2000

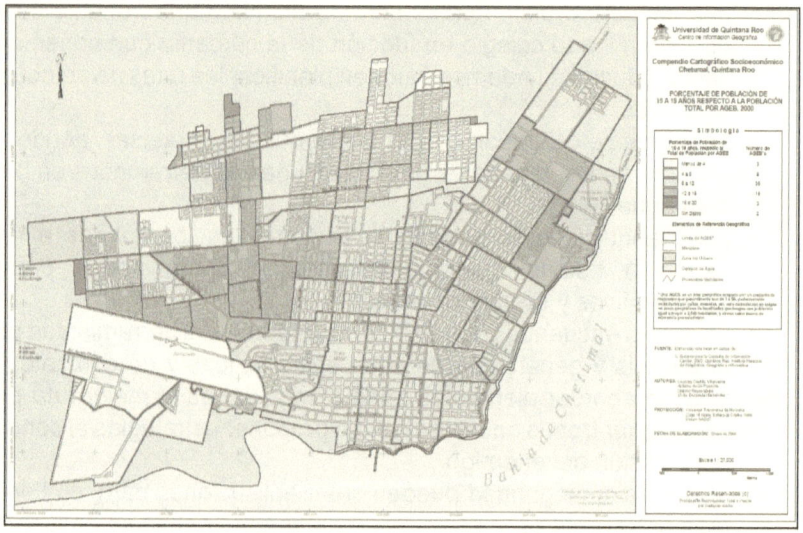

Fuente: Tomado del producto Atlas Socioeconómico de la Cd. de Chetumal, Quintana Roo. Elaborado por el Centro de Información Geográfica de la División de Ciencias e Ingeniería de la Universidad de Quintana Roo en el 2004.

- SIG en áreas como protección civil, permiten responder de manera rápida y efectiva cuál es el impacto a casas-habitación ante determinada contingencia, así como generar elementos para una logística de respuesta más eficiente.
- Las compañías petroleras pueden determinar la mejor ubicación geográfica para la creación de redes de utilidades tales como gasoductos y petroductos.
- Los SIG permiten inventariar recursos naturales tales como bosques, suelos, recursos hidrológicos superficiales, entre otros.
- Para el conocimiento del grado de erosión en determinadas zonas geográficas, los SIG se constituyen como herramientas que proveen las opciones para la integración y análisis de datos

de lo que resulta la determinación de las toneladas por año de pérdida de suelo.

- Con base en la integración de SIG, telecomunicaciones y sistemas de posicionamiento global se pueden desarrollar soluciones para la localización en tiempo real, de vehículos robados.
- Los arqueólogos al analizar diferentes datos geográficos pueden encontrar sitios arqueológicos.
- Los partidos políticos pueden conocer con detalle cuáles son los patrones territoriales del padrón electoral, características socioeconómicas y resultados electorales para generar estrategias geopolíticas (figura 16).

Figura 16. Aproximación de la distribución del padrón electoral al 2004 conforme a las secciones electorales para la Cd. de Cancún, Quintana Roo

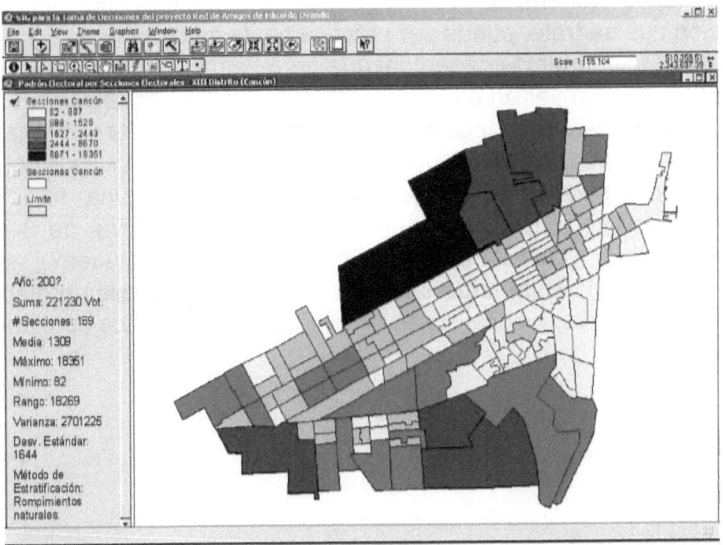

Fuente: Elaborado por Iturbe, P. A. en el marco de un proyecto de aplicación de análisis territorial y sistemas de información geográfica para una campaña electoral a nivel estatal.

- Los SIG son excelentes herramientas para encontrar las áreas de mayor diversidad de especies de vertebrados terrestres como mastofauna o herpetofauna, así como determinar si las especies que están en peligro de extinción se ubican al interior de áreas naturales protegidas o cercanas a lugares de gran deterioro o contaminación.

- Los SIG sirven para realizar tareas de administración de infraestructura carretera.
- Se pueden ubicar con precisión sitios de accidentes en carreteras y encontrar las posibles causas geográficas y aportar medidas de solución a este problema.
- Ingenieros en sistemas de energía emplean a los SIG para determinar áreas de mayor insolación solar, las rutas idóneas y a bajo costo para la construcción de redes de electrificación.

Los SIG, sin lugar a dudas, se constituyen como la única tecnología disponible, hoy día, para dar respuesta a problemas espaciales. Toda vez que el desarrollo SIG comprende un banco de datos adecuadamente estructurado con las características necesarias para interpretar y dar respuesta a problemas espacio-territoriales, que además está soportado en una infraestructura de software y hardware manejado por personal capacitado, la generación de resultados, en dependencia del tipo de aplicación que se trate, puede ser prácticamente instantáneas. En la figura 17 se tiene un esquema conceptual que permite dar una idea del potencial de un SIG para derivar en procesos que directamente se relacionan con la toma de decisiones. Un banco de datos al interior de un SIG es procesado y puede llevar a cabo tareas de cuantificación (¿cuál es el total de la población con más de 5 salarios mínimos de ingreso al mes en una determinada AGEB[2]?), modelación (si una inundación alcanza un nivel de 2 metros sobre la ciudad, ¿cuál será el total de manzanas afectadas?), analizar (¿qué correlación existe entre la variable de áreas naturales protegidas y las zonas con mayor biodiversidad?) y, finalmente, procesos de planeación y decisión.

---

2 Una Área Geoestadística Básica o AGEB es la unidad básica del Marco Geoestadístico Nacional del INEGI para México, es decir, es el nivel de desagregación territorial de más detalle que emplea el INEGI para presentar resultados censales nacionales y de conteos. Existen AGEB de tipo urbano y rural. Para el caso de las AGEB urbanas son aquellas áreas geográficas ocupadas por un conjunto de manzanas que generalmente son de 1 a 50, perfectamente delimitadas por calles, avenidas, etcétera; este tipo de AGEB se asigna en áreas geográficas de localidades que tengan una población igual o mayor a 2,500 habitantes. Cada AGEB tiene asociada una base de datos socioeconómica con diversas variables (educación, población, religión, ingreso económico, características de construcción de las viviendas, etcétera).

Figura 17. Procesos genéricos de un sistema de información geográfica que operan sobre una base de datos geoespacial, resultando en la posibilidad de tomar decisiones de alto nivel

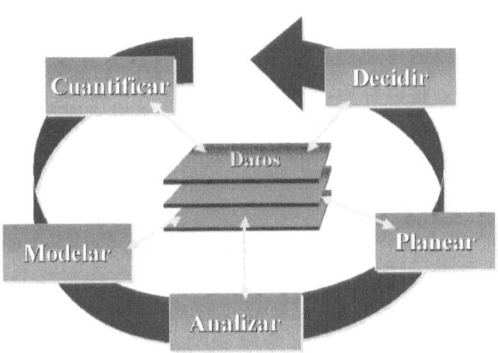

Fuente: Tomado de www.esri.com.

CAPACIDADES Y BENEFICIOS DE UN
SISTEMA DE INFORMACIÓN GEOGRÁFICA

Es común el encuentro con alguna aplicación o desarrollo que presuma ser de tipo SIG, sin embargo, diversas características hacen lo contrario. En muchos de estos trabajos existen problemas de conceptualización como resultado de una carencia del conocimiento de las particularidades, potencialidades y beneficios de los SIG.

Como afirman Bocco y Palacio (1996) muchas instituciones, e incluso aquellas de orden académico, desarrollan "Sistemas de Información Geográfica" para la captura y almacenamiento de datos geográficos, para la realización de dibujo automatizado y de productos más enfocados a una cartografía automatizada, sin embargo, se presenta una subutilización de los SIG al no ser aprovechadas las funciones de manejo, análisis y modelación de datos territoriales.

Es frecuente la confusión entre los Sistemas de Información Geográfica con otras tecnologías como los Sistemas de Diseño Asistido por Computadora (CAD) y los Sistemas de Cartografía Automatizada (CAM-Computer Aided Mapping)[3]. Todos ellos guardan diferencias y son diseñados para realizar funciones específicas. El desconocimiento que se tiene acerca de estas tecnologías provoca que los Sistemas CAD y CAM sean considerados como SIG, a pesar de que existen grandes diferencias entre ellas (Price, 1990).

---

3 CAM también es un término empleado para acuñar la manufacturación asistida por computadora *(Computer Aided Manufacturing)*.

La diferencia entre un SIG y otros sistemas automatizados que poseen como factor común el trabajar con datos de índole espacial, es bastante diferente. Si bien los Sistemas Manejadores de Bases de Datos (DBMS) almacenan grandes bancos de datos estadísticos e incluso almacenan datos cartográficos, no son una tecnología SIG dado que no es posible la realización de procesos de visualización, consulta, mapeo, análisis y modelación espacial. Los Sistemas de Diseño Asistido por Computadora (CAD) suelen ser empleados para generar mapas aunque el término correcto deberían ser dibujos cartográficos. En tecnologías como AutoCAD®, no es factible la realización de análisis espaciales y, peor aún, en muchos casos el costo del software está muy por arriba de soluciones SIG con mayores capacidades de análisis territorial.

Los Sistemas de Cartografía Automatizada permiten generar cartografía temática empleando métodos de representación cartográfica complejos (cartodiagramas de celdas, de bisectrices, tipogramas) para la generación de cartografía socioeconómica compleja. Esta tecnología tiene como limitantes realizar complicados procesos de manejo de datos cartográficos, integrar numerosas capas o layers de datos geográficos, realizar procesos de análisis y modelación para generar escenarios, entender funciones y diversas dinámicas de fenómenos geográficos y, sobre todo, responder preguntas complejas con un enfoque espacial. El objetivo principal de los Sistemas Automatizados de Cartografía es la realización de mapas temáticos.

Los SIG van más allá del simple manejo y confección de mapas de forma automatizada. Los SIG poseen, como cualidades principales, la capacidad de manejo, análisis y modelado espacial de un determinado problema. Un SIG debe ser capaz de trabajar y responder a preguntas derivadas de un problema tales como: ¿qué existe en...?, ¿dónde está...?, ¿qué ha cambiado desde...?, ¿qué patrón espacial existe...? y ¿qué pasaría si...? (ESRI, 1991).

En cualquier SIG es posible diferenciar claramente tres capacidades funcionales que lo hacen distinto y único de otros sistemas automatizados para el manejo de datos espaciales: capacidad cartográfica, capacidad de manejo de datos y capacidad analítica. De forma particular, tenemos que cada una de esas capacidades presenta las siguientes características:

a) Capacidad cartográfica. Un SIG retoma las características más importantes que presentan los Sistemas de Cartografía Automatizada, como una variedad de funciones que permitan la creación de mapas a través de procesos de digitización o conversión de productos análogos a formatos digitales, la generación gráfica de sus cambios de forma virtual o en el monitor, un manejo gráfico interactivo que permite adicionar, restar y mover elementos geográficos, altas capacidades de redacción cartográfica y, finalmente, la impresión en diferentes formatos.

b) Capacidad de manejo de datos. Los SIG tienen la capacidad de almacenar y manejar una gran cantidad de datos espaciales. Ofertan una gama muy amplia de opciones para generar un continuum cartográfico, para dar una misma base matemática a diferentes tipos de mapas, realizar procesos de generalización cartográfica y en general toda una serie de funciones requeridas no sólo para generar productos cartográficos, sino para permitir la realización posterior de procesos de análisis y modelación.

c) Capacidad analítica. Esta capacidad en los SIG permite la realización de procesos sofisticados para el análisis e interpretación de datos espaciales. Los SIG brindan diversos tipos de análisis entre los elementos contenidos en sólo un mapa o en un conjunto de mapas. Los SIG permiten la sobreposición de n mapas, la realización de cálculos de distancias, la creación de áreas de influencia, permiten también analizar el relieve en cuanto a la inclinación de las laderas, la insolación solar, determinar la rugosidad del relieve, modelar la dinámica hidrográfica y muchos otros ejemplos.

Entre las funciones más importantes que un SIG realiza se encuentran el análisis y modelación espacial, los cuales son algunos de los conceptos básicos de la ciencia geográfica (localización, condición, tendencia, patrones, accesibilidad, etcétera) que se pueden generalizar en cinco preguntas (ESRI, 1990:1-7):

¿Qué está en...? (localización). Un SIG debe ser capaz de proveer la ubicación de un rasgo geográfico a través de diversas formas, ya sea su ubicación directa en el plano digital o a través de una selección o cuestionamiento sobre la base de datos de atributos asociados. Por ejemplo, a partir de la ubicación de las localidades de todo el país, se pueden obtener sus características o los atributos asociados correspondientes al Censo Nacional de Población, interactuando digitalmente con la información.

¿Dónde está...? (condición). Estrechamente relacionada con la anterior, esta pregunta nos permite obtener la identificación de rasgos geográficos que reúnen determinadas condiciones. Principalmente, esta pregunta sirve para conocer la ubicación de un sitio en específico. Por ejemplo, ¿Dónde están todas aquellas localidades con más de un 50% de analfabetismo?

¿Qué ha cambiado desde...? (tendencia). Se inscribe en este cuestionamiento la variable tiempo. Un SIG debe proveer respuestas a preguntas donde la necesidad es conocer cuáles han sido las variaciones espacio temporales de un determinado fenómeno. Por ejemplo, ¿Cuáles han sido los cambios en la vegetación y uso del suelo desde 1970 hasta el año 2002 en la reserva de la biosfera de Calakmul?

¿Qué comportamientos espaciales existen...? (patrones). La correlación entre diversas variables así como la distribución de un determinado fenómeno son las respuestas que brinda un SIG. Por ejemplo, ¿cuál es la relación existente entre los sitios de colectas de herpetofauna y las vías de comunicación terrestres?

¿Qué pasaría si...? (modelación). Sin duda alguna, es el cuestionamiento más complejo e importante en un SIG. Ello conlleva a determinar que pasaría o cuál sería la manifestación de un fenómeno a través de la variación cuantitativa y/o cualitativa de los elementos causales. Como ejemplo, en la construcción de un aeropuerto en 2 sitios alternos, se puede modelar cuál sería la ruta más corta para ambas instalaciones por diferentes vías de acceso y considerando escenarios diferentes de tráfico, o bien, si un río llegara a incrementar su cauce a razón de una crecida en dos metros, cuál sería el área afectada.

Una pregunta más (Luna, 1997) y en nuestros días de gran aplicación a todos aquellos procesos sobre redes es la correspondiente a ¿cuál es el mejor camino a...? (rutas críticas), la cual pretende encontrar la ruta más corta u óptima entre dos o más puntos cualesquiera. Saber cuál es el camino más corto y rápido por una red de calles en una metrópoli es una pregunta que diversas compañías quisieran saber.

Acorde a Burrough (1986) un amplio manejo de preguntas pueden ser respondidas con un SIG. Entre estas destacan:

> ¿Dónde está el objeto A?
> ¿Dónde está A en relación al lugar B?
> ¿Cuántas ocurrencias del tipo A están dentro de la distancia X de B?
> ¿Cuál es el valor de la función A con la posición X?
> ¿Cómo es B (en área, perímetro, número de ocurrencias)?
> ¿Cuál es el resultado de intersectar varias clases de datos espaciales?
> ¿Cuál es el camino de menor costo, resistencia o distancia a lo largo de X a Y a través del P sistema de rutas?
> ¿Cuáles objetos son próximos a otros teniendo cierta combinación de atributos?

Usando la base de datos digital como un modelo del mundo real, simular el efecto del proceso P sobre el tiempo T para un escenario S.

A partir de las cuestiones anteriores, se desprenden los diferentes niveles de complejidad para el manejo y análisis de la información dentro de un SIG. Cada pregunta corresponde a diferentes principios y tipos de análisis geográficos. La localización es uno de los niveles más sencillos, teniendo contraparte en preguntas relativas a la generación de escenarios-modelaciones, que involucran una mayor cantidad de variables y procesos complejos para la creación de escenarios.

Desde un punto de vista informático, el software que posibilite una mayor cantidad de respuestas a estos diferentes niveles de complejidad, poseerá por tanto una mayor capacidad para el manejo, procesamiento y análisis de datos lo que se traduce de forma invariable en un costo más elevado.

A través de lo anterior, es importante diferenciar que un SIG no debe ser solo un sistema de cómputo para la realización de cartografía digital, un banco de datos o de despliegue de información geográfica digital (Bocco y Palacio, 1996). Un SIG comprende diversas formas para realizar productos de cartografía digital, para la edición de los mismos y las correspondientes salidas; sin embargo, los SIG deben concebirse como una potente herramienta para el análisis de los datos donde lo espacial es relevante, permitiendo establecer relaciones espaciales entre rasgos geográficos.

En una buena cantidad de proyectos que emplean la tecnología SIG, beneficios económicos directos son difíciles de observar, sobre todo, si se orientan a temáticas tales como la evaluación de los recursos naturales, cambios en la vegetación y uso del suelo, inventario y análisis de los recursos faunísticos; sin embargo, hay temáticas en donde los SIG juegan un papel fundamental no sólo para el ahorro, sino para la generación de acciones con un beneficio económico directo. Se mencionan en este contexto la aplicación de los SIG en empresas de repartición de productos perecederos para encontrar las rutas más cortas y rápidas o SIG aplicados al Geomarketing para encontrar las áreas más adecuadas para la apertura de una franquicia, entre otros.

El desarrollo de un proyecto SIG para grandes organizaciones implica una inversión considerable de dinero. Por ende, la justificación debe estar sólidamente respaldada considerando los beneficios potenciales del mismo. Montgomery, *et al.,* (1993) menciona que los beneficios potenciales de un SIG pueden sintetizarse en dos grandes apartados: los de tipo cuantitativo que son medibles y cuantificables en términos económicos y los de tipo cualitativo, difíciles de medir directamente, pero que pueden modificar el importe económico en un proyecto de esta naturaleza (SIG). A continuación son descritos los beneficios potenciales de un Sistema de Información Geográfica (Montgomery, *et al.*, 1993 y Domínguez *et al.*, 1998):

a) Beneficios Cuantitativos:

- Incremento en la productividad en procesos de creación, mantenimiento, revisión y verificación de bases de datos geográficas digitales. Los SIG automatizan rutinas y tareas repetitivas, reduciendo tiempos y participación de personal.
- Procesos de mantenimiento de la información muy rápidos y en algunos casos en tiempo real, lo que permite que la organización genere respuestas adecuadas y toma de decisión oportuna, lo que se traduce invariablemente en ahorros o mayores ganancias económicas.
- Incremento de la velocidad en procesos de manejo y análisis, sobre todo, en grandes volúmenes de datos. Análisis rápidos permiten alternativas adicionales (soluciones) a ser consideradas.
- Centralización de bases de datos lo cual elimina duplicidades y provee de un entorno común de trabajo y facilidades informativas. La centralización permite capacidades rápidas de recuperación y modificación selectiva de los datos, así como la generación de más operaciones consistentes, incluyendo estandarización en función que todos los usuarios tienen acceso a los mismos datos.

- Producción de reportes, estadísticas, mapas, gráficos, basados en especificaciones del usuario (estándares). En comparación con medios tradicionales, los SIG permiten producir una importante cantidad de resultados y ahorros considerables una vez que las modificaciones pueden ser hechas rápidamente.
- Proveer habilidades para el intercambio de datos geográficos con otras entidades o cuerpos gubernamentales, administrativos o privados. El uso compartido de estos datos no sólo permite ahorros económicos directos, sino que también se está en posibilidad de realizar tomas de decisiones más completas y complejas.
- Más ventajas y eficiencias en inventarios de datos geográficos.

b) Beneficios Cualitativos:

- Análisis precisos, con alto grado de calidad sobre una base de datos continua y precisa.
- Uniformidad en los productos cartográficos resultantes a través de una organización y estandarización preestablecida.
- Producción de mapas en cualquier escala y con métodos de representación cartográfica complejos o perspectivas en tercera dimensión difíciles de realizar a mano.
- Datos geográficos almacenados en una amplia variedad de formatos digitales.

- Evaluación fiable de una gran variedad de diseños o alternativas en las tareas de planeación. Se ejecutan análisis de forma rápida generando resultados que facilitan adecuadas tomas de decisión.

Sin lugar a dudas, el beneficio más importante lo constituye su capacidad para el manejo y análisis de datos espaciales. En este sentido, Price (1990) menciona funciones importantes que un SIG debe tener para la gestión de datos sobre recursos, dividiéndolas en cuatro rubros.

1. Un SIG permite el inventario, es decir, estudiar la dimensión cuantitativa de fenómenos geográficos. Estas mediciones se emplean para convertir los hechos o procesos geográficos en expresiones cualitativas o cuantitativas y posteriormente estar en capacidad de realizar diversas operaciones de análisis. Este inventario es el primer resultado y brinda la posibilidad de saber con detalle que extensión territorial se tiene de suelos, flora, predios sin construcción, longitudes tales como el total de carreteras pavimentadas, cuántos kilómetros de rutas de fibra óptica, entre otros, y para el caso de datos puntuales conocer cuántas localidades existen o cuantos postes de luz hay en una ciudad.

2. El análisis es la función más distintiva de los SIG, sobre todo, porque es la única herramienta, hoy día, que permite integrar y correlacionar datos territoriales. Existe una gran diversidad de análisis espaciales y todos ellos permiten no sólo interpretar los elementos contenidos en una sola capa de datos (determinar las distancias de las localidades de menos de 2,500 habitantes con relación a las localidades de 2,500 habitantes y más), sino también analizar la información contenida entre dos o más capas de datos.

3. El monitoreo conceptualmente es un proceso capaz de ser realizado por los SIG; brinda la posibilidad de generar un escenario de cómo han sido los cambios en el espacio de determinados hechos o fenómenos geográficos en un lapso de tiempo. Por ejemplo, los SIG brindan las respuestas en torno a como han sido los cambios en la vegetación y uso del suelo de la década de los 70 al año 2000 en un área natural protegida (figura 18).

Figura 18. Crecimiento de la Cd. de Playa del Carmen, Quintana Roo, desde el año 1972 a 2004, a través de una serie de imágenes de satélite pasivas de resolución media.

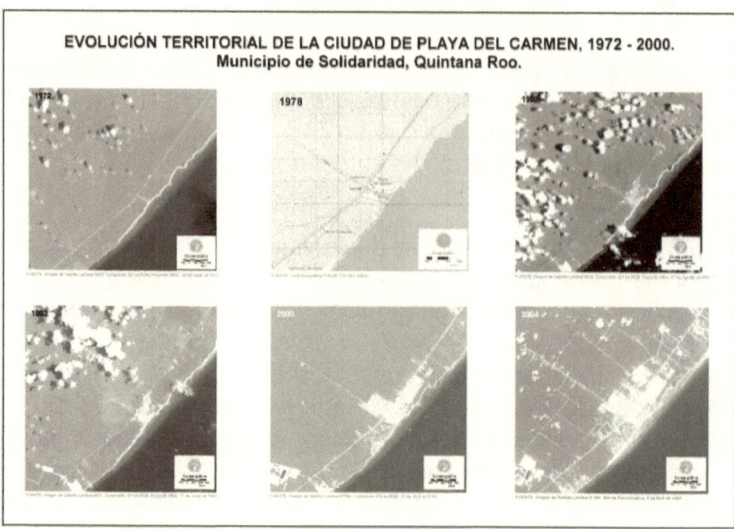

Fuente: Realizado por Itube, P.A. en el Centro de Información Geográfica de la División de Ciencias e Ingeniería de la Universidad de Quintana Roo.

4. La modelación es tal vez el beneficio más importante de un SIG, dado que posibilita el entendimiento de procesos geográficos y permite la generación de escenarios ante cambios de las variables causales; esto ayuda sobremanera a la predicción o determinación de las mejores alternativas para la prevención o solución de un problema territorial. Como ejemplo, se puede mencionar la construcción de una red de energía eléctrica; se puede modelar cuál sería la longitud y los costos relacionados con la implantación de la red en función de diversas rutas sobre diferentes usos del suelo y características del relieve (Luchmaya, *et al.*, 2002).

SIG: UN CONJUNTO DE SUBSISTEMAS

En el contexto de un SIG, es posible distinguir dos unidades o componentes claramente diferenciados uno del otro: el componente operativo o funcional y la base de datos geoespaciales (Guevara, 1987), en donde el primero es un conjunto de procedimientos u operaciones que actúan sobre los datos contenidos en la base de datos.

Desde un punto de vista general, se puede decir que un SIG debe ofrecer componentes o subsistemas que realicen tareas claramente definidas y que resuelvan problemas concretos y requerimientos propios de procesos SIG. Algunos autores (Aronoff, 1993; ESRI, 1991; Price, 1990) coinciden en que un SIG debe ser visto como un conjunto de subsistemas, que realicen los procesos de:

- Entrada de datos
- Manejo de datos
- Análisis de datos
- Salida o generación de resultados

Estos cuatro subsistemas dan una idea de cómo es el flujo de la información al interior de un proyecto SIG. Independientemente de las diferentes soluciones de software que existen en la actualidad, deberán poseer para ser considerados propiamente soluciones SIG, varios módulos o funciones que permitan realizar procesos encaminados a la entrada, manejo, análisis y salida o generación de resultados.

Si bien estos subsistemas estructuran funcionalmente una solución SIG, es de resaltar que se hace necesaria la inclusión de las correspondientes tareas de gerenciación y organización que van a articular y dictar la mejor línea de flujo de los datos. Con base en Hassan, *et al.*, 1992; Antenucci, *et al.*, 1991, Aronoff, 1993 y Domínguez *et al.*, 1998, son detallados con mayor detenimiento los subsistemas de un sistema de información geográfica:

1. **Subsistema de entrada.** También conocido como subsistema de entrada y almacenamiento, comprende todos los procesos relacionados con la creación de bancos de datos geográficos digitales necesarios para analizar un problema en particular o describir una situación en específico. Este subsistema deberá de considerar tanto los datos espaciales como los no espaciales. Los datos espaciales son aquellos que derivan de mapas, planos, fotografías aéreas, imágenes de satélite o levantamientos topográficos y geodésicos, principalmente. Los datos no espaciales consisten en datos estadísticos y de texto que constituyen los atributos de los rasgos geográficos, y describen sus características cuantitativas y cualitativas. Este subsistema es responsable de todos los aspectos técnicos relativos a la conversión de datos en formato analógico (papel) a formato digital, considerando una determinada estructura para realizar procesos posteriores de análisis y modelación. En este subsistema, deben considerarse todos los elementos necesarios para un almacenamiento adecuado y eficiente, así como también procesos para la actualización y el mantenimiento de los datos geoespaciales.

La generación de nuevos datos a partir de los existentes es también un proceso en el cual se puede acrecentar la base de información y accesar datos a fases ulteriores. Por medio de rutinas y macros se transforman los datos originales o se generan otros que son de utilidad para las fases subsiguientes.

Los datos accesados dentro del sistema deben ser organizados y almacenados de tal manera que permitan un fácil manejo para los procesos de análisis y modelación. Este subsistema se caracteriza por ser el que más recursos humanos, temporales y económicos conlleva en el desarrollo de un proyecto SIG.

2. **Subsistema de manejo.** Toda vez que se ha llevado a cabo la entrada de datos geográficos y estadísticos, es necesario aplicar diversos procesos que permitan generar una base de datos geográfica continua, con características para posibilitar la realización de análisis y procesos de modelado. En la construcción de bases de datos SIG por lo general los datos fuente se encuentran en diferentes sistemas de proyección geográfica y de referencia geodésica, con diferentes escalas y por ende grados de generalización, en diferentes estructuras digitales, entre otros aspectos.

3. **Subsistema de análisis.** Este subsistema marca la principal diferencia entre la tecnología SIG y otras tecnologías que manejan datos territoriales, se caracteriza por proveer las funciones necesarias para dar respuesta a los planteamientos de los tomadores de decisiones con injerencia al espacio geográfico. En un SIG, este subsistema retoma la base de datos con los adecuados niveles de estructuración y realiza diversas operaciones que pueden ser de gran sencillez o de gran complejidad según los requerimientos analíticos del proyecto.

Los análisis pueden ser sencillos abordando sólo una capa de datos y funciones tales como creación de áreas de influencia o bien, análisis complejos que retoman veinte o más capas de datos operando sobre ellos una ecuación algebraica.

4. **Subsistema de salida.** Provee las funciones necesarias para generar resultados que sean empleados directamente por los tomadores de decisiones. La salida más común de un SIG son los mapas, aunque no hay que descartar que también se tienen salidas como gráficos o reportes alfanuméricos. Este subsistema provee de resultados tanto de forma digital como archivos o despliegues virtuales en monitores, así como resultados analógicos y resultados de impresiones.

SIG Y TECNOLOGÍAS RELACIONADAS

En función de las necesidades de datos territoriales y procesos de análisis espacial en los sectores privado, gubernamental y académico, se han desarrollado diversas tecnologías para la adquisición, manejo, análisis, modelación y publicación de geodatos. En este sentido, resulta fundamental conocer con detalle los conceptos que sustentan tales tecnologías, los alcances, limitaciones, costos y otras características con la finalidad de evitar fracasos en la realización de proyectos de carácter SIG. Neweel y Sancha, 1999; Franco, 1993; Aronoff, 1993 y Price, 1990 convergen en el hecho de que resulta fundamental identificar las diferentes tecnologías desde una perspectiva conceptual. Esto provee la posibilidad de emplear adecuadamente las tecnologías y cumplir cabalmente los objetivos originalmente planteados. Además, esto resulta crucial en la presupuestación del proyecto SIG con énfasis en el costo-beneficio. Es claro que muchos de los problemas en proyectos SIG e incluso fracasos al no obtener los resultados planeados, no son causa de la tecnología propiamente, sino más bien se deben a problemas de carácter conceptual que resultan en la adopción inadecuada de tecnologías.

Diversos proyectos han adquirido en forma errónea tecnologías con graves problemas al final, dado que los resultados originalmente planteados o bien no pueden ser generados o las estrategias para su generación engrosan las líneas de tiempo y los recursos económicos. Por ello, es importante reconocer que la selección de una tecnología SIG no es algo sencillo, sobre todo, por los altos costos que esto pueda significar.

Existen diversas soluciones tecnológicas que tienen como tarea la adquisición, manejo y/o análisis de datos territoriales. Cada una de estas tecnologías se diferencia notablemente una de otra. Sus capacidades y costos pueden ser muy diferentes, y sobre todo, como se ha mencionado, su objetivo es diferente. Cada tecnología relacionada con la gestión de datos territoriales participa de forma disímil en procesos como la construcción de bases de datos geográficas digitales, adquisición de datos geográficos, análisis estadístico, análisis espacial, presentación de resultados, entre otros. A continuación, se describen brevemente estas tecnologías que de forma directa se relacionan con procesos de adquisición, manejo, análisis, modelación y presentación de datos y resultados territoriales. Se exponen las características más importantes desde el punto de vista conceptual y las tareas más adecuadas de cada tecnología (Domínguez *et al.*, 1998 y Aronoff, 1993).

a) Tecnología CAD o de Diseño Asistido por Computadora (CAD-Computer Aided System)

Los sistemas CAD[4] nacen en la década de los sesenta. Constituyen los inicios de la representación de datos de la realidad en forma digital. Su objetivo original, y que hasta la fecha muchas de las soluciones informáticas preservan, está centrado en el diseño de diversos objetos relacionados con la ingeniería, sea mecánica, industrial o electrónica y con la arquitectura.

Los CAD tienen hasta cierto punto como objetivo la creación y modificación de nuevos objetos. Por ello, presentan una gran cantidad de herramientas para la construcción de formas geométricas, con ángulos bien definidos y regulares. Una gran cantidad de ángulos horizontales, verticales e inclinados son comunes en los productos generados por esta tecnología al igual que una frecuente simetría en los resultados finales.

Las entidades geométricas a utilizar en la tecnología CAD son muy variadas, ejemplo de ello son los arcos, círculos, elipses, textos, polígonos con una cantidad limitada de lados, puntos, líneas suavizadas, esferas, etcétera. Estas entidades son empleadas para dar como resultado dibujos o, en el mejor de los casos, planos en donde predominan métricas de alta precisión; por lo general, el retrato de la realidad es de espacios menores a las decenas o centenas de metros cuadrados.

Los objetos dibujados o generados pueden llegar a ser de gran complejidad, por ejemplo, el diseño de un automóvil. Sin embargo, el volumen de los datos es mínimo. Realmente es difícil llegar a encontrar archivos de objetos diseñados por la tecnología CAD mayores a los 50Mb de tamaño.

El software CAD maneja en la mayoría de los casos productos en los que sólo es importante la información geométrica y en menor medida algunos atributos descriptivos, es decir, la tecnología CAD no requiere necesariamente un manejo de bases de datos para almacenar atributos asociados a los elementos geométricos. Si bien las soluciones CAD actuales ofertan ya opciones para una relación de los elementos geométricos con sistemas manejadores de bases de datos, su eficiencia no es razonablemente adecuada desde una perspectiva geográfica.

La tecnología CAD encuentra satisfactorio el manejo de datos de forma particionada o individualizada, es decir, por lo regular la construcción de una pieza metalmecánica, una residencia o una nave industrial no se fusionan o se trabajan de forma totalitaria. Los objetos de trabajo son muy

---

4 Para el caso de este apartado, se han considerado algunos documentos técnicos contenidos en la siguiente dirección electrónica: www.smallworld.co.uk/technology/tech, 2001.

particulares, puntuales y es raro encontrar un proyecto CAD que englobe, en uno solo, muchos proyectos de ingeniería en sus diversas ramas. Quizá por esta razón, la tecnología CAD no está diseñada para soportar el manejo masivo, voluminoso de datos. Un archivo de más de 500Mb de tamaño en varios ejemplos de software CAD empieza a ser un problema serio para el despliegue y manejo. El manejo de datos geográficos demanda una capacidad mucho mayor; por ejemplo, un mapa de hipsometría para todo el país en escala 1:50,000 puede llegar a tener un tamaño superior a los 5Gb, lo cual en definitiva es inmanejable para la tecnología CAD.

El manejo de coordenadas es otro elemento distintivo de la tecnología CAD, que se orienta al uso de sistemas de coordenadas cartesianas con un origen arbitrario. Como ejemplo, se puede citar que un auto puede tener un sistema de coordenadas de tipo cartesiano y prácticamente cualquier origen. Además, tiene una gran bondad para el empleo de diversos tipos de unidades de medida, pudiendo ser metros, centímetros, pulgadas, pies, etcétera. El empleo de sistemas de coordenadas más especializados supone un problema serio en esta tecnología; esto representa en ocasiones limitaciones para trabajar con datos geográficos que deben estar enmarcados en una determinada proyección geográfica y bajo un riguroso sistema de referencia geodésica.

La estructura de datos con que trabaja un CAD es fundamentalmente de tipo vectorial, es decir, trabaja con elementos geométricos delimitados por coordenadas en dos o tres dimensiones y la topología no es requisito indispensable. El manejo de datos en formato raster (datos a partir de pixels en arreglos de columnas y renglones) es muy limitado y, por lo general, sólo son empleados con fines de background o datos de fondo. Las fuentes de datos son numerosas y más asequibles para esta tecnología. Para objetos pequeños, los datos pueden ser recopilados de manera rápida y económica. Elementos de grandes dimensiones pueden requerir levantamientos topográficos o con base a estaciones totales, principalmente. Esta tecnología oferta un rango muy variado de soluciones informáticas en el mercado que van desde algunos cientos de dólares hasta más de USD$5,000.00.

Desde hace tiempo la tecnología CAD se ha empleado para llevar a cabo trabajos de digitalización o creación de mapas. Lo que es un hecho es que esta tecnología ha encontrado un nicho importante de ejemplos de adopción en cuestiones de dibujo cartográfico. Existe una relativa facilidad para digitalizar elementos y realizar procesos de edición cartográfica. El encuentro de personal con conocimientos en esta tecnología es relativamente abundante. Sin embargo, debe manejarse con cuidado y si bien puede realizar ciertas actividades cartográficas, realmente la utilidad de esta tecnología puede circunscribirse a la creación de bases de datos geográficas digitales de tipo vectorial. Esta tecnología no tiene funciones de manejo y mucho menos para el análisis espacial. Además, sus capacidades para la realización de cartografía temática son muy reducidas.

Por el número de usuarios a nivel mundial que emplean esta tecnología en cuestiones cartográficas, las empresas generadoras de soluciones informáticas CAD han evolucionado o han desarrollado aplicaciones o módulos con funciones cartográficas o propias de los sistemas de información geográfica. Sin embargo, la base es la misma, el modelo de datos y las limitaciones genéricas son arrastradas, y particularmente se tienen limitaciones severas cuando se trabaja con grandes bancos de datos geográficos o cuando son requeridas funciones de manejo y análisis espaciales complejos.

Un punto que es importante mencionar y ponderar en la realización de proyectos SIG, es la parte de costo-beneficio. Si realmente se pone en claro el número de funciones que son empleadas para cuestiones SIG, las capacidades de mapeo temático, de transformaciones y adecuaciones geográficas, así como de análisis espacial, es claro que la tecnología CAD es realmente costosa para proyectos SIG. Por ejemplo, software CAD cuando es adoptado para trabajos cartográficos es usado cuando mucho en un 10% del total de sus capacidades, sólo unas cuantas decenas de comandos son aplicables a procesos cartográficos. El precio de una licencia CAD profesional oscila en los USD$4,000.00; costo y funcionalidad para cuestiones de análisis territorial hacen de antemano que la tecnología CAD sea totalmente inadecuada y la inversión en estas herramientas informáticas debe ser un proceso a valorarse en demasía.

En algunos proyectos SIG, el empleo de tecnología CAD suele ser algo necesario por razones tales como la necesidad de crear bases de datos de gran complejidad topográfica, mismas que demandan opciones de dibujo más complejas que aquellas comúnmente aplicadas a bases de datos geográficas. Incluso, si el personal de una institución cuenta con experiencia en el uso de la herramienta y en el desarrollo de aplicaciones, la adopción de tecnología CAD puede ser justificada. Entre los ejemplos más comunes de programas de cómputo CAD disponibles, hoy día, se encuentran los siguientes: ArchiCAD, AutoCAD, Microstation, VersaCAD, IintelliCAD.

En la dirección www.centrocad.com.ar se encuentra un listado de diversas aplicaciones CAD e incluso algunas gratuitas, así como cursos y demos de soluciones CAD profesionales.

El principal mercado de la tecnología CAD lo constituyen empresas automotrices, de electrónica, agencias aeroespaciales, agencias de diseño arquitectónico y de ingeniería civil, entre otras. La figura 19 muestra un ejemplo de la aplicación de la tecnología CAD.

Figura 19. Ejemplo de aplicación de la tecnología CAD. En gran medida, esta tecnología se aplica al diseño arquitectónico y de ingeniería

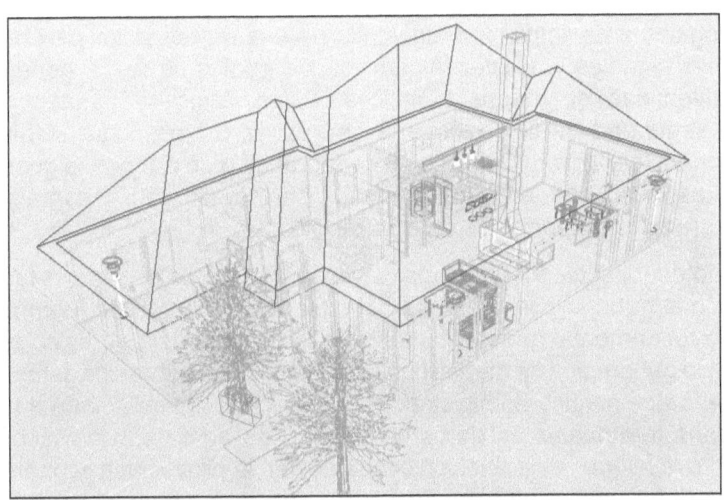

Fuente: Tomado de los archivos de muestra del programa de computo AutoCAD® 2007.

Finalmente, se reitera que esta tecnología tiene una característica distintiva y es la imposibilidad de realizar análisis espacial complejo. La forma digital en que son estructurados los objetos o elementos de la realidad geográfica; los fundamentos de la organización de información en el contexto digital, constituyen razones por las que el análisis y la modelación compleja no son posibles. Una solución CAD aunque oferte soluciones de sistemas de información geográfica tiene fuertes limitaciones conceptuales para considerarse como verdaderas soluciones SIG.

b) Sistemas Automatizados de Cartografía

En la década de los sesenta se origina la tecnología denominada Sistemas Automatizados de Cartografía (CAM-Computer Aided Mapping) aunque se desarrolla ampliamente en la década de los setenta. Esta tecnología retoma gran parte de las funciones de los CAD con el añadido de procesos especializados para posibilitar el trabajo con datos de tipo geográfico.

Como una de las principales características de esta tecnología se encuentra el manejo de datos geográficos divididos en dos grandes apartados: la parte geométrica que se emplea para representar objetos de la realidad geográfica y atributos descriptivos, o bien, las características cualitativas y cuantitativas de esos objetos. Los sistemas automatizados de cartografía por lo tanto, cuentan con opciones para la creación de ambos tipos de bases de datos (figura 20).

Tecnológicamente, implantan funciones para la digitalización de entidades puntuales, lineales y areales a partir de las cuáles se van a generar una gran diversidad de mapas temáticos. Estos datos se pueden realizar con la seguridad de ser geometría geográfica o bien, estar sujeta a un determinado sistema de proyección cartográfica o de referencia geodésica. Consultas selectivas, altas capacidades para la edición cartográfica son otros agregados importantes de esta tecnología.

Esta geotecnología encuentra una característica relevante, que es la amplia dirección a trabajar con datos de carácter socioeconómico. Tienen como objetivo fundamental generar cartografía temática; como un típico ejemplo se tiene la generación de mapas con fondo cualitativo sobre una determinada base de datos político-administrativa. Esta tecnología se orienta a mostrar resultados territoriales de datos censales o de análisis estadísticos tales como proyecciones de población o cambios en la producción económica de los municipios en un determinado lapso de tiempo, por citar algunos.

Esta tecnología tiene limitaciones para el análisis territorial. Su objetivo se orienta principalmente a la representación cartográfica de datos estadísticos circunscritos a unidades espaciales areales como estados, regiones, países, entre otros.

Figura 20. Ejemplo de un producto cartográfico elaborado con base en la tecnología de Sistemas Automatizados de Cartografía

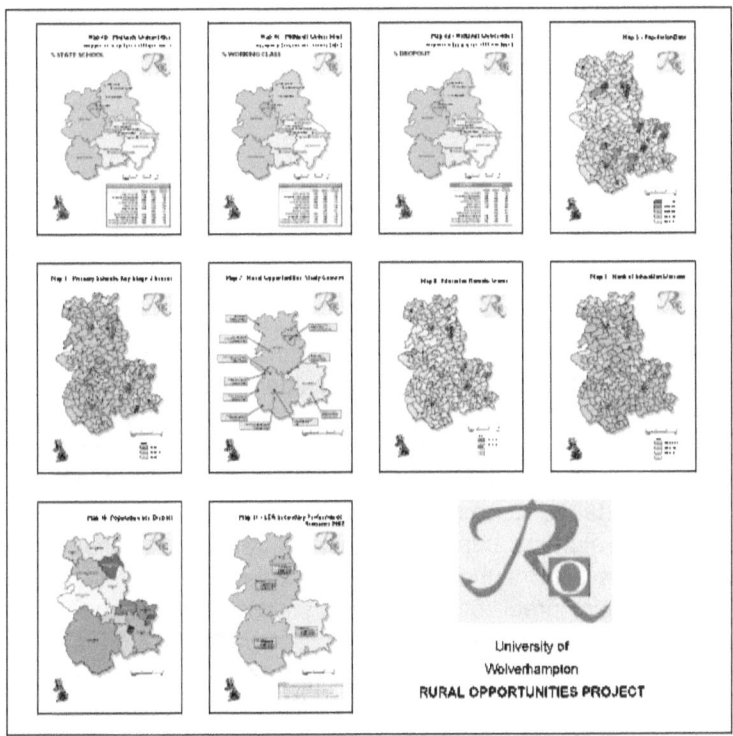

Fuente: Universidad de Wolverhampton.

Una característica relevante de los sistemas automatizados de cartografía es la posibilidad de sobreponer gráficamente capas de datos geográficos. Estos mecanismos en muchas ocasiones constituyen la respuesta a determinados problemas territoriales. Dentro de sus características constituyentes, posibilitan cierta modelación a través de la modificación de los intervalos o grupos sobre los que las series de datos estadísticas deben agruparse.

La evolución propia de la tecnología ha dado como resultado que hoy día soluciones típicas de cartografía automatizada hayan crecido y cuenten con determinadas funciones para el análisis territorial; es común encontrar en software CAM funciones para la creación de áreas de influencia (buffers), búsquedas espaciales, etcétera. Sin embargo, y al igual que en cualquier proceso de selección de una tecnología, debe realizarse en función de los requerimientos reales y concretos de los usuarios.

Esta tecnología no es costosa. Las soluciones oscilan entre los USD $200.^{00} y más de USD $1,000.00. Algunos ejemplos que se pueden señalar de esta tecnología son:

- MapMaker gratuito (www.mapmaker.com)
- Cart/o/graphix
- PopMap

c) Sistemas de Información Geográfica (SIG)

Los SIG tienen entre sus objetivos la administración de bancos de datos geográficos, así como la modelación y el análisis espacial. Los SIG trabajan con objetos de la realidad geográfica, que al ser representados geométrica y digitalmente resultan entidades muy irregulares y complejas (polígonos con decenas de miles de puntos de inflexión o vértices). Los SIG tienen la capacidad de trabajar con estructuras matriciales más complejas (a diferencia de imágenes raster, se almacenan datos o valores geográficos y se pueden trabajar con pilas o diferentes capas de datos raster), datos vectoriales (entidades geométricas puntuales, lineales, poligonales y de regiones) y, en algunos casos, con estructuras *quadtree* en donde las estructuras raster son subdivididas y jerarquizadas para trabajos que requieren de mayor precisión de análisis y representación de información geográfica. Hoy día, algunas soluciones de software SIG incorporan nuevos tipos de elementos como el voxel que por primera vez permiten realizar un manejo verdadero en tres dimensiones de la realidad geográfica.

El manejo de datos geográficos en un SIG involucra el relacionar dos bases de datos bien diferenciadas: una con los datos geométricos y espaciales, y otra con la información descriptiva o atributos asociados. Los SIG deben trabajar con mapas en toda la extensión de la palabra; los datos son uniformes en el espacio y bajo un sistema de proyección geográfica y de referencia geodésica. Los SIG reclaman datos más complejos de adquirir, como los provenientes de sistemas de posicionamiento global, sensores remotos, fotogrametría, entre otros. La complejidad de los datos es tal, que una buena parte de ellos requieren conservar ciertas relaciones topológicas (elementos adecuadamente adyacentes, contenidos espacialmente dentro de otros, por ejemplo).

A pesar de la simplicidad de las entidades geométricas que utilizan puntos, líneas y polígonos, los datos por lo regular son de una gran irregularidad y complejidad. Por ejemplo, un polígono correspondiente a una curva de nivel, a escala 1:50,000 y para una gran extensión territorial, puede llegar a tener miles o decenas de miles de vértices.

La aplicación de la tecnología SIG requiere la adopción de una gran cantidad de conceptos de diversas ciencias y disciplinas (Geodesia, Cartografía, Estadística y la Geografía) que convergen en un proyecto SIG. El empleo de conceptos y recursos propios de los sistemas manejadores de bases de datos llegan a resultar indispensables en la tecnología SIG para abordar la parte de los atributos asociados o descriptivos de cada uno de los elementos geométricos.

Con relación a los datos, estos deben ser de una calidad significativa. El poder de los sistemas de información geográfica para la resolución de problemas territoriales depende en gran medida de la confiabilidad de los datos de entrada. En los SIG se considera con frecuencia la frase *trash in trash out*[5].

El elemento que marca la diferencia entre los Sistemas de Información Geográfica y otras tecnologías relacionadas lo constituyen las altas funcionalidades para el manejo y análisis de datos geográficos. La tecnología SIG brinda enormes recursos para el análisis espacial que coadyuve o se inserte en tomas de decisión para la resolución de problemas, todos ellos relacionados con cuestiones territoriales. El mercado de los SIG, por lo tanto, es sumamente amplio: empresas relacionadas con utilidades, gobierno a nivel federal, estatal y municipal, agencias ambientales, instituciones de investigación, entre otros, son algunos ejemplos de usuarios de esta geotecnología.

El costo de la tecnología SIG si bien en su proceso de evolución ha disminuido, aún se caracteriza por ser muy alto. Existen soluciones informáticas bastante sencillas pero adecuadas para realizar trabajos SIG, desde los USD $1,000.^{00} hasta soluciones que pueden llegar a los USD $20,000.^{00}.

A continuación, se mencionan algunos ejemplos de programas de cómputo de sistemas de información geográfica:

- ArcGIS (www.esri.com)
- GRASS (Geographic Resource Analysis Support System)
- Geomedia y Geomedia Professional de Intergraph Co.
- SPANS MAP
- IDRISI (www.idrisi.com)
- Manifold (www.manifold.com)
- ILWIS (Integrated Land and Water Information System)
- MAPTITUDE

---

5 En ocasiones, se suele utilizar, de igual forma, el término GIGO (*garbage in garbage out*).

d) Sistemas Manejadores de Bases de Datos

Los Sistemas Manejadores de Bases de Datos (DBMS-Data Base Management System) son una tecnología que se centra en el manejo, consulta, generación de reportes y análisis de bases de datos alfanuméricas.

Esta tecnología representa una solución al problema de almacenamiento, consulta, actualización y, en general, procesos de administración y gestión de bases de datos alfanuméricas. La teoría relacional es un aspecto sobresaliente de esta tecnología; gracias a la generación de tablas auxiliares y catálogos, perfectamente relacionados con base en campos llave a aquellos datos asociados con datos de gran duplicidad, se reduce dramáticamente el tamaño de las bases de datos.

Esta tecnología ha tenido una gran evolución como resultado de un mayor uso por parte de múltiples organizaciones de grandes dimensiones. Los desarrollos que se encuentran disponibles actualmente en el mercado son de capacidades limitadas por el hardware. El componente temporal ya ha sido resuelto y bases de datos ahora pueden ser analizadas considerando su evolución o cambio en lapsos de tiempo.

Para el caso de los sistemas de información geográfica, los sistemas manejadores de bases de datos constituyen un elemento muy importante a considerar en desarrollos SIG de gran tamaño, por ejemplo, de tipo corporativo, para el volumen extraordinario de datos. Esto no representa problema alguno dado que la tecnología SIG y la tecnología DBMS pueden relacionarse perfectamente entre sí gracias a protocolos o funcionalidades como ODBC (Object Data Base Conectivity); datos geométricos, pueden estar ligados con una base de datos externa y, de esta forma, explotar una base alfanumérica de forma territorial.

La tecnología DBMS tiene, hoy día, otra importante característica a señalar y son las capacidades recientes para el almacenamiento y manejo de datos geométricos. Esto significa que aparte de los típicos campos con definición de texto, numérico, fecha, memo, entre otros, se tienen campos binarios (blob) que pueden almacenar elementos geométricos. Estos campos, pueden entonces ser poblados tanto por datos vectoriales como raster. Estas bases de datos han incorporado lo que se conoce como cartuchos espaciales o módulos para el manejo de datos espaciales; grandes ventajas se pueden obtener con esta nueva propiedad como lo es mayor capacidad para la administración de los datos en ambientes multiusuario, y no menos importante, los mecanismos de seguridad, capacidad para la realización de consultas complejas, transacciones de gran duración.

Los costos de esta tecnología son altos. Soluciones profesionales o empresariales llegan a costar más de los USD $10,000.00. Sin embargo, existen soluciones más económicas que pueden cubrir un amplio espectro de requerimientos y que incluso pueden llegar a ser gratuitas. Se mencionan a continuación, ejemplos de soluciones informáticas de Sistemas Manejadores de Bases de Datos:

- Oracle: http://www.oracle.com
- Informix: http://www.informix.com
- SyBase: http://www.sybase.com
- SQL Server: http://www.microsoft.com/sql
- Microsoft Access
- Postgres: http://www.postgresql.org
- MySQL: http://www.mysql.com

e) Sistemas de Cartografía Automatizada / Administración de Utilidades / Sistemas de Información Geográfica (Sistemas AM/FM/GIS)

Esta tecnología nace ante la necesidad de abordar los problemas propios de empresas que requieren una gestión integrada de datos geográficos y utilidades[6]. Los sistemas AM/FM (Automated Mapping/Facilities Management), como también se denominan, entran en ambientes corporativos empresariales a coadyuvar al manejo, administración y análisis de utilidades y datos geográficos; se constituyen como instrumentos para el monitoreo y posibilitan el mantenimiento preventivo, correctivo y evolutivo de las diversas infraestructuras de servicios. Estos procesos, revisten una notable complejidad debido a la naturaleza del funcionamiento de las redes y los conceptos de ingeniería (reglas de ingeniería) que deben ser retomados para recrear la dinámica de los distintos servicios. Esto logra tener un impacto directo en las formas de estructuración y organización de los datos para derivar decisiones de alto nivel.

El desarrollo de proyectos AM/FM son todavía recientes en nuestro país. Entre las razones se pueden señalar los altos costos de esta tecnología, la falta de personal capacitado y no menos importante, el número reducido de empresas u organizaciones en los que se puede aplicar y justificar la adopción de esta tecnología.

Los sistemas AM/FM se aplican por lo general en organizaciones que

---

6 Las utilidades son concebidas como todas aquellas redes en las que fluyen recursos. Por ejemplo, redes de agua potable, de energía eléctrica, de servicio telefónico, de gas, etcétera.

requieren de grandes capacidades de administración y gestión de datos en un ambiente masivo de usuarios (con alta dispersión geográfica por lo regular); es decir, los esquemas de trabajo cliente-servidor deben ser implantados en los diferentes niveles de uso de la información, así como en procesos de creación, actualización y análisis.

La concepción de trabajo de un sistema AM/FM demanda continuamente la explotación de los lenguajes de programación contenidos en él. Estos lenguajes, son por demás robustos, de gran capacidad para el desarrollo rápido de aplicaciones y ciento por ciento orientados a objetos y a cumplimentar requerimientos muy particulares de cada organización.

Esta tecnología permite una modelación comprendiendo la complejidad de una organización utilitaria y para ello, ha convenido en adoptar y desarrollar los conceptos de mundos internos y externos –conviene señalar que esta es una característica distintiva con los sistemas de información geográfica–. En los sistemas AM/FM los mundos externos son todos aquellos elementos de una organización que pueden fácilmente ser identificados a simple vista; como carreteras, redes de servicios, localidades, modelos digitales del terreno, ortofotos digitales y, en general, todos aquellos elementos geográficos de referencia y de interés para la organización. Su utilización no sólo se establece como marco de referencia territorial, sino también como parte importante para la realización de análisis.

Los mundos internos son todos aquellos componentes que conforman una gran parte de la infraestructura de una organización. Por ejemplo, uniones de fibra óptica, transformadores de energía eléctrica, ductos para el enfriamiento de agua, circuitos, chips, tarjetas, sistemas de monitoreo, entre otros. Se puede entonces apreciar que la complejidad de un sistema AM/FM está comprendido en esta parte.

La necesidad de tener ambos tipos de datos está por demás justificada en la respuesta de un sistema AM/FM en las actividades de una empresa. Como ejemplo de esto se tiene el caso del servicio de energía eléctrica. Si se monitorea constantemente el funcionamiento de los transformadores y tarjetas en una ciudad, en el momento de una falla en un dispositivo de esta naturaleza, se puede conocer no sólo su ubicación geográfica (mundo interno), sino la ruta para llegar en el tiempo más rápido al origen del desperfecto y saber cuáles son las áreas geográficas que han quedado sin servicio (mundo externo).

Los mundos externos e internos son conceptos que modifican de manera circunstancial la forma de manejo de datos espaciales y no espaciales en diferentes escalas de trabajo. Por primera vez, una organización puede responder a preguntas de gran complejidad como es la interrelación de infraestructura de ingeniería con información geográfica.

La inscripción de las reglas de ingeniería son conceptos distintivos de la tecnología AM/FM y son todos aquellos procedimientos que hacen posible el funcionamiento de una organización. Por ejemplo, cuando se llega a presentar una falla en el servicio de televisión por cable, se pueden activar automáticamente ciertos procesos que intenten restablecer el servicio; estas reglas, por lo tanto, deben ser incorporadas en el sistema AM/FM.

Por lo general, las reglas de ingeniería demandan una gran conectividad topológica en todos los elementos representados geométricamente que conforman las redes; gracias a esto, se pueden reproducir de forma fiel los eventos diversos propios de una red y la solución inmediata ante determinados conflictos.

Las reglas de organización son otros conceptos importantes a retomar en un sistema AM/FM. Constituyen las normas o reglas administrativas para realizar determinados procesos de altas, bajas o modificaciones sobre los elementos que conforman a la red. Por ejemplo, un sistema AM/FM debe dar respuesta a diversos aspectos como el siguiente: ¿es posible la construcción de un poste para el servicio telefónico previa autorización o posibilidad según la respuesta de las áreas de construcción, mantenimiento, etcétera?.

Tanto las reglas de ingeniería como las reglas de organización son elementos que posibilitan el funcionamiento de una red de utilidades. Son reglas de una gran complejidad y por lo general no tienden a estar tácitamente documentadas. En el desarrollo de un proyecto AM/FM se tienen que realizar los correspondientes procesos de diagramación de los flujos de operaciones, así como el establecimiento de las reglas que soportan las operaciones de una red utilitaria. Esta parte es una de las más complejas y su detalle debe estar acorde a los objetivos o preguntas que debe responder el sistema.

Como puede observarse, un proyecto AM/FM requiere de una gran cantidad de información. Las bases de datos por lo regular son voluminosas y con una gran complejidad en cuanto a su estructura. Por ello, esta geotecnología ha desarrollado nuevas formas de almacenamiento y trabajo para los datos donde las arquitecturas computacionales deben ser robustas para soportar terabytes de datos que son manejados.

Algunos ejemplos de tecnologías AM/FM son las siguientes:

- Smallworld (http://www.gepower.com/prod_serv/products/gis_software/en/index.htm)
- ArcFM
- Intergraph FRAMME (http://imgs.intergraph.com/utilities/)

f) Teledetección espacial

La tecnología relativa a la percepción remota hace referencia a la adquisición de imágenes de la superficie terrestre por medio de dispositivos de captura montados en plataformas satelitales. La percepción remota, que es otro término empleado para el proceso de captura y análisis de imágenes de la superficie terrestre, es una disciplina de gran desarrollo y en las últimas tres décadas ha evolucionado de forma impresionante (Chuvieco, 1996).

La teledetección espacial realiza un procedimiento que mide y almacena las longitudes de onda electromagnéticas que son reflejadas por la superficie terrestre y que tienen origen en el Sol. El almacenamiento de estas longitudes de onda reflejadas se plasma en pixeles estructurados en renglones y columnas que conforman lo que se conoce como una matriz o imagen. Las imágenes de satélite pueden ser en una banda pancromática o muchas bandas lo cual significa que cada banda almacena una porción muy específica del espectro electromagnético.

La teledetección espacial ha desarrollado dos vertientes según la forma en la que se aprovecha o genera una fuente de energía para obtener datos de la superficie terrestre. La teledetección espacial pasiva es aquella vertiente que ha desarrollado las plataformas y sensores capaces de tomar imágenes con base en la fuente de energía luminosa proveniente del Sol (Lira, 1997). Más reciente es la teledetección activa, en la que los propios sensores irradian la energía electromagnética necesaria para adquirir imágenes con datos sobre las características de la superficie terrestre. Este tipo de teledetección provee capacidades para la generación de productos cartográficos no importando condiciones meteorológicas tales como nubosidad, precipitación e incluso nubes de polvo, así como en condiciones diurnas o nocturnas (Radarsat International, 1998).

Hoy día, la percepción remota se constituye como una de las principales fuentes de información para el desarrollo de proyectos SIG; sus ventajas son el bajo costo, gran cobertura en función del tipo de imagen y la capacidad de observar la realidad en longitudes de onda no apreciables a simple vista por el ojo humano (escenarios infrarrojos donde destaca la humedad y diversas temperaturas). Algunos ejemplos de sistemas de percepción remota son los siguientes:

- ASTER (Advanced Spaceborne Thermal Emission and Reflection Radiometer)
- LANDSAT
- SPOT (Systeme Pour l'Observation de la Terre)
- Indian Remote Sensing-IRS
- MODIS (Moderate Resolution Imaging Spectroradiometer)

- AVHRR (Advanced Very High Resolution Radiometer)
- GOES (Geostationary Operational Environmental Satellite)
- IKONOS
- QuickBird
- Radarsat

Un aspecto importante de la teledetección es que como disciplina también se encarga de realizar los procesos de manejo y análisis sobre los datos capturados con la finalidad de coadyuvar a la resolución de problemas territoriales. De esta forma, se han desarrollado numerosas empresas encaminadas a la generación y comercialización de programas de cómputo para realizar desde procesos de georreferenciación de las imágenes, realces y correcciones, hasta extracción de datos de toda la imagen a partir de áreas de muestra o sitios de entrenamiento y la aplicación de procesos de clasificación. Entre los diferentes software de percepción remota que se pueden encontrar en el mercado están los siguientes:

- Erdas IMAGINE
- PCI: http://www.pcigeomatics.com o http://www.pcisig.com/home
- GRASS (gratuito): http://grass.baylor.edu/ (ver figura 21)
- ENVI: http://www.envi.com.br/
- ERMAPPER: http://www.ermapper.com/
- IDRISI: http://www.clarklabs.org

g) Sistemas de Posicionamiento Global NAVSTAR

Sistemas de Posicionamiento Global (comúnmente denominados GPS, por sus siglas en inglés – Global Positioning Systems) es una constelación (Hurn, 1989) de 24 satélites que orbitan alrededor de la Tierra a grandes altitudes y que permiten realizar procesos de triangulación con receptores ubicados en tierra para determinar con alto grado de precisión las coordenadas geográficas de elementos sobre la superficie terrestre.

Esta tecnología está cambiando de manera muy rápida las prácticas y técnicas para los levantamientos geodésicos y sistemas de navegación y ruteo. Hoy día, es una de las fuentes de datos geográficos más rápida, precisa y en ocasiones económica.

La tecnología GPS data de la década de los ochenta y ha sido desarrollada y mantenida por el Departamento de Defensa de los Estados Unidos. El objetivo original era construir un instrumento que apoyara la inteligencia militar y el desarrollo de las diversas actividades de monitoreo y respuesta bélica; al final de la Guerra Fría, los EUA iniciaron la liberación de este sistema para su uso en actividades civiles.

Figura 21. Programa del computo GRASS ver 5.0 recopilado y adecuado para su instalación en el sistema operativo Windows® por el Centro de Información Geográfica

Fuente: El Centro de Información Geográfica de la Universidad de Quintana Roo compiló e integró los elementos necesarios para instalar en computadoras personales con sistema operativo Windows© el programa de computo GRASS ver. 5.0, lo que significa la oportunidad de resolver el problema que una gran cantidad de usuarios potenciales tenían: la dificultad de contar con computadoras con sistema operativo Linux, que es el sistema nativo para este programa SIG.

Las aplicaciones de la tecnología GPS son numerosas y todas ellas están en función de la necesidad de conocer las coordenadas de rasgos o elementos de interés. Por ejemplo, los GPS han sido empleados para la georreferenciación de rutas de fibra óptica, para el inventario de la distribución de ciertas especies de mamíferos, aves, y otro tipo de vertebrados; ubicación de pozos de agua, levantamientos geodésicos de precisión de terrenos o parcelas de gran extensión, entre otras muchas aplicaciones. Los GPS son excelentes para realizar ubicaciones geográficas en tiempo real de aviones, automóviles, embarcaciones y cualquier otro tipo de elemento que se desplace sobre la superficie terrestre.

El costo de la tecnología está en dependencia directa de la exactitud posicional o detalle de las mediciones. Existen en el mercado relojes que integran dispositivos GPS que pueden llegar a costar alrededor de los USD $300.00 con un margen de error de +/- 50 metros. Si un usuario desea mayor precisión la tecnología puede costar entre USD $2,000.00 y USD $5,000.00 para exactitudes submétricas y, finalmente, más de diez mil dólares puede costar una solución milimétrica.

Los GPS hoy día se han convertido en excelentes alimentadores de datos para proyectos SIG. Es importante destacar que los GPS por sí mismos son soluciones que no permiten realizar procesos de análisis y modelación de los datos capturados. Prácticamente, con esta tecnología sólo se tienen tabulados de las coordenadas geográficas (latitud, longitud y altitud) con los atributos capturados en campo; la base para la generación de bases de datos geográficas digitales SIG. Se ofertan con esta tecnología algunas opciones para cambios de proyección, de sistemas de referencia geodésica, correcciones diferenciales y otras tantas implícitas al proceso de adquisición de los datos.

Entre la tecnología GPS más destacada y desarrollada se encuentra la siguiente:

- Leica: http://www.leica.com/
- Trimble: http://www.trimble.com/
- Magellan: http://www.magellangps.com/en/

h) Fotogrametría

La Fotogrametría hace referencia a la disciplina que se encarga de la obtención de fotografías, sean aéreas o terrestres, y su posterior tratamiento para posibilitar la medición de objetos con alto grado de exactitud toda vez que se corrigen problemas relativos a las deformaciones provocadas por el medio de captura, diferencias de posición por la profundidad o por diferencias altitudinales, entre otros.

La fotogrametría tiene como significado la medición de imágenes (Bernhardsen, 1999) y se relaciona con la tecnología SIG porque le proveé productos fotogramétricos para generar bases de datos cartográficas, por lo general, a gran escala y con alto grado de actualidad. Como principal producto fotogramétrico se tienen las ortofotos, o bien fotografías aéreas corregidas tanto en los procesos de captura como en la ortocorrección o aquellas distorsiones provocadas por la topografía en los objetos geográficos.

Es importante mencionar que la fotogrametría, hasta la fecha, se constituye como la única tecnología capaz de generar información cartográfica a escalas muy grandes, desde 1:500 y en algunos casos hasta 1:75,000, incluso escalas más pequeñas, siempre sobre la base de fotografías aéreas adquiridas de la superficie terrestre. Una característica importante de la fotogrametría es que permite la visión estereoscópica lo que posibilita apreciar los objetos del medio geográfico en tercera dimensión, esto se traduce en la posibilidad de restituir con precisión diversos elementos de la superficie terrestre. Por ello, los técnicos especializados en fotogrametría pueden realizar mediciones precisas del terreno y de edificaciones, con centímetros de margen de error.

i) LIDAR (LIght Detection and Ranging)

Esta tecnología realiza diferentes tipos de mediciones con base en la emisión de pulsaciones de luz y su captura por efectos del respectivo reflejo. LIDAR es una tecnología que se usa actualmente para medir distancias, velocidades, rotaciones e incluso concentraciones y composiciones químicas (www.lidar.com).

LIDAR es bastante similar a la tecnología radar empleada en la telede-tección espacial de tipo activa, con la diferencia de que LIDAR emplea longitudes de onda más pequeñas. Desde la década de los 60 esta tecnología ha venido desarrollándose y se ha popularizado y aplicado en diversos campos de la ciencia. Las ciencias atmosféricas, la colección de datos barimétricos, telecomunicaciones, medición de velocidades de vehículos, etcétera, son ejemplo del amplio rango de aplicaciones de esta tecnología (Palmer *et al.,* 2002).

Para el caso particular de los SIG, LIDAR tiene actualmente un gran uso en cuanto a la generación de modelos digitales del terreno muy detallados o bien, mapas en los cuales se almacenan valores de altitud de una porción de la superficie terrestre. El principal resultado de la tecnología LIDAR es la creación de mapas en los cuales están contenidos datos de elevación del terreno e incluso ciudades a mucho detalle. LIDAR también es empleado para la detección de manchas de aceite, vegetación acuática, contaminantes, entre otros (Chuvieco, 1996).

LIDAR es una tecnología aerotransportada, por lo regular en aeronaves de uso civil modificados, lo que facilita sobremanera un rápido desplazamiento a zonas que requieren contar a la brevedad con datos de las altitudes del terreno. LIDAR emite, sobre el área de estudio, pulsaciones de luz (fotones) que son reflejadas por el terreno y los objetos geográficos contenidos sobre ella. Los reflejos de luz son capturados por el sensor aerotransportado calculando en el momento, el tiempo de diferencia entre la emisión y la recepción del impulso de luz. Dado que estos datos requieren estar georreferenciados para su integración o análisis con otras capas de datos geográficos, las coordenadas X, Y y Z se obtienen a través de la georreferenciación de las señales empleando receptores GPS a bordo del avión y de unidades de medición inercial (IMU) que registran constantemente la altitud de la aeronave. Existen sistemas LIDAR más sofisticados que dan información de la altura tanto del terreno como de la vegetación (figura 22).

Figura 22. Comparación de dos modelos de relieve sombreado derivados de un modelo digital del terreno producido por LIDAR (A) y por métodos fotogramétricos (B)

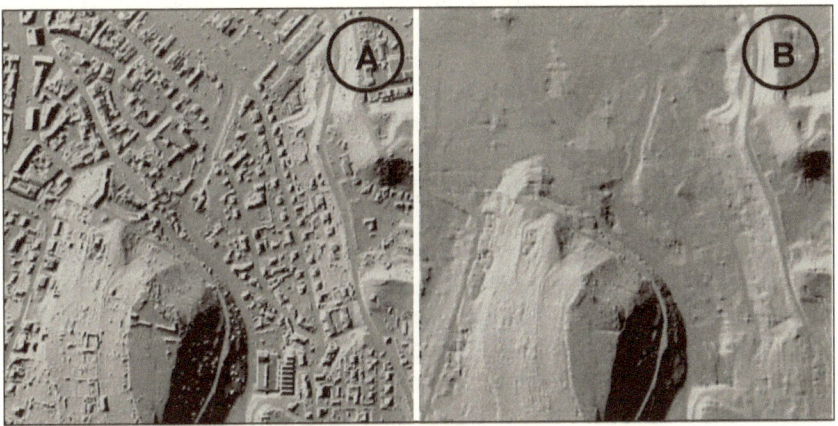

Fuente: www.merrick.com/services/gis/espanol/lidar.asp.

Resultado de una misión LIDAR se tiene una nube o red densa de puntos con coordenadas X, Y y Z. Estos datos son la base para que posterior a la aplicación de métodos de interpolación o construcción de redes de triángulos irregulares, se tenga un modelo digital del terreno. La exactitud posicional de un levantamiento LIDAR depende de la altura de vuelo, el diámetro de la señal láser, la calidad del sistema de posicionamiento global, las unidades de medición inercial y de los procedimientos de post-procesamiento. Algunas empresas (www.merrick.com) señalan que se puede llegar a obtener exactitud del orden de los +/-15 cms en la horizontal y +/-15 cms en la vertical. Esto, constituye una oportunidad para la realización de estudios muy detallados en los cuales se requieran datos del relieve o de la topografía en un área específica porque resulta en la capacidad de generar mapas con equidistancias de curvas de nivel de hasta 0.5 mts.

LIDAR ofrece muchas ventajas para la generación de datos topográficos. Se citan a continuación los más importantes (www.merrick.com):

- LIDAR es la tecnología que provee la mayor exactitud vertical y horizontal de datos topográficos para áreas de la realidad geográfica considerablemente extensas. 15 cm de error medio cuadrático es el nivel de exactitud en X-Y-Z. Si bien tales exactitudes pueden ser obtenidas a través de la fotogrametría esta opción puede llegar a ser más costosa a la vez de requerir una mayor cantidad de tiempo.
- Las elevaciones del terreno son hechas directamente por LIDAR en comparación con procesos de inferencia derivados de las técnicas fotogramétricas.
- Los resultados de un levantamiento LIDAR tienen una mayor densidad, lo que favorecen una representación más detallada de la realidad geográfica.
- En el proceso de envío de la señal LIDAR se tiene una primera y última señal de regreso, lo que permite generar un modelo digital del terreno considerando la cobertura forestal y un modelo digital del terreno sin vegetación o lo más cercano al suelo.
- El tiempo de generación de un modelo digital del terreno para una ciudad puede ser obtenido en cuestión de horas lo que representa una oportunidad para estudios que demandan una rapidez muy alta en la generación y conformación de modelos digitales del terreno a gran escala.
- LIDAR puede ser empleado en condiciones climáticas de nubosidad e incluso de noche para la adquisición de datos X-Y-Z.
- Se pueden generar productos más específicos de la realidad geográfica, como imágenes de intensidad, características fenotípicas generales de la vegetación, altura de los doseles de los bosques, alturas de construcciones e infraestructura urbana, entre otros. La fotogrametría se encuentra limitada para obtener estos tipos de datos por los altos costos de tiempo y dinero que implican.
- El procesamiento en general de los datos LIDAR es muy consistente dado que desde la adquisición hasta el producto final los procesos aplicados son generales, y no hay procedimientos manuales que intervengan o produzcan errores ocasionados por el personal.

Esta tecnología tiene una característica interesante y es la cantidad ingente de datos de altitud del terreno o bien en este caso, de coordenadas X-Y-Z. Se pueden generar hasta 900 millones de puntos altitudinales para un área geográfica de alrededor de 550 km^2. Esto obliga a considerar el uso de equipos y programas de cómputo diseñados para tales propósitos (figura 23).

Figura 23. Ejemplo de un modelo digital de ciudad, generado con tecnología LIDAR

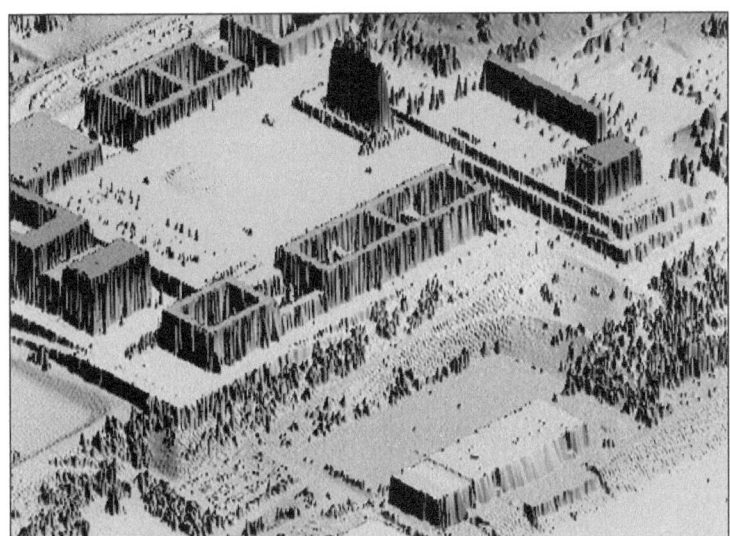

Fuente: Tomado de www.merrick.com.

j) Multimedia e Hypermedia

Actualmente se han consolidado como importantes medios para la diseminación de datos y en general resultados de proyectos SIG. Esta tecnología favorece la unión de diferentes tipos de datos (Huxhold et al., 1995), entre los que se pueden mencionar imágenes, mapas, fotos aéreas, ortofotos, entre otros, sonido, animaciones, video, texto, gráficos y dibujos; con ciertas limitaciones se pueden realizar transmisiones en tiempo real de sonido e imágenes.

La tecnología de multimedia e hypermedia es un excelente medio de presentación y difusión de resultados SIG tanto por el gran atractivo que se puede lograr como por la facilidad y sencillez para interactuar incluso con diversos tipos de datos. Existen, por ejemplo, desarrollos de multimedia generados por la Secretaría de Salud de nuestro país en los cuales se presentan los resultados del Atlas de Salud del año 2003. Este Atlas es interactivo y el usuario puede visualizar diversos tipos de datos desagregados a distintos niveles territoriales. Los usuarios finales pueden acceder a valiosos resultados de una forma más que sencilla y económica.

Entre los ejemplos más representativos del uso de la tecnología multimedia e hypermedia para la creación de productos digitales que muestren resultados de proyectos SIG está la serie de discos compactos creados por la Universidad de British Columbia de Canadá (www.ire.ubc.ca) para ilustrar lo que es el manejo integrado de cuencas, así como para dar a conocer los resultados de diversos proyectos de esta naturaleza y, sobre todo, mostrarlos en sistemas de información geográfica.

La tecnología de multimedia e hypermedia es muy asequible en cuanto a costo y facilidad para desarrollar este tipo de aplicaciones. Existen numerosas soluciones entre las que destacan:

- Macromedia Flash: www.adobe.com/products/flash/
- Adobe Premiere: www.adobe.com/products/premiere/

ESQUEMA METODOLÓGICO DE TRABAJO DE LOS SISTEMAS DE INFORMACIÓN GEOGRÁFICA

Los SIG en esencia son instrumentos para el análisis y modelación de datos cartográficos y estadísticos que permitan dar solución a diversos tipos de problemas que suceden en el territorio. La mejor forma de ilustrar como funciona metodológicamente un SIG es la siguiente (figura 24):

Figura 24. Funcionamiento metodológico de los SIG

Fuente: López, 1998.

SIGE, EJEMPLO DE UN PROYECTO DE SISTEMAS DE INFORMACIÓN GEOGRÁFICA

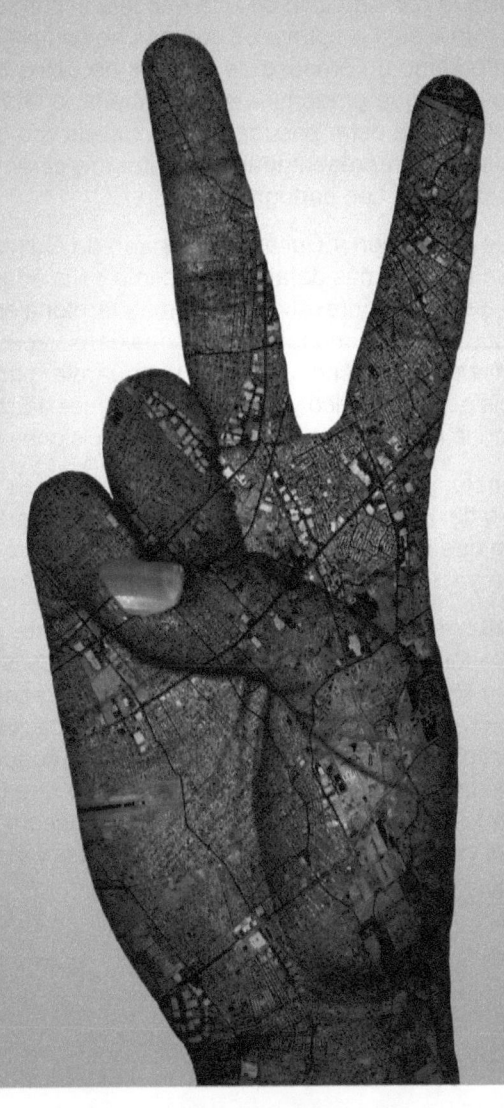

SISTEMA DE INFORMACIÓN GEOGRÁFICA PARA LA EDUCACIÓN DEL ESTADO DE QUINTANA ROO (SIGE)

La realización de un sistema de información geográfica para abordar problemas relacionados con la educación y proponer alternativas de solución no es un proceso fuera de contexto. La educación, vista desde una perspectiva global, tiene un componente territorial muy importante y que en muchas ocasiones pasa desapercibido en el quehacer político.

Muchas preguntas con un carácter territorial son hechas de forma cotidiana e involucran un conocimiento por demás detallado de elementos directamente relacionados con el espacio geográfico. Por ejemplo, ¿cuál es el mejor sitio para la construcción de una escuela secundaria en una zona rural? La respuesta a esta pregunta es con mucho compleja y su respuesta no debe ser vista como un proceso de análisis de datos estadísticos o un análisis somero en el que predomine el sentimiento o intuición política. Es una respuesta que debe estar basada en un análisis conjunto de variables de muy diversos tipos, representadas por datos de carácter estadístico y, principalmente, datos de tipo cartográfico.

La Secretaría de Educación y Cultura del Estado de Quintana Roo (SEyC) interesada en un análisis más detallado de cómo es la educación a lo largo de la geografía del estado y resolver problemas territoriales inherentes a la educación en sus diversas modalidades, consideró necesaria la creación de una herramienta geotecnológica de vanguardia para el inventario, gestión y análisis geoestadístico y territorial de bancos de datos geográficos relacionados con la educación para la toma de decisiones de alto nivel.

Si bien el manejo y análisis de datos cartográficos y estadísticos se realizaban antes del desarrollo de este proyecto, es importante destacar el estado inicial en que se encontraba la SEyC y los puntos que determinaron el énfasis del proyecto SIG a desarrollar. El diagnóstico era el siguiente:

- **Mapas realizados a mano.** La cartografía existente que mostraba la ubicación de los centros escolares y la oferta educativa para el estado de Quintana Roo se realizaban a mano. Esto representó un problema mayúsculo cuando se tenían que realizar modificaciones, cuando era necesario trabajar sólo una fracción del territorio o cuando era necesario incluir o eliminar alguna otra variable. Era claro que la realización de este tipo de mapas consumía mucho tiempo e impedía la realización de procesos de visualización de otras capas de datos y el análisis espacial en sí mismo.

- **Imposibilidad de analizar datos estadísticos de forma territorial.** La SEyC realiza al inicio y fin de cursos en cada ciclo escolar un excelente proceso de recopilación de datos estadísticos. A través de una serie de cuestionarios para la recopilación de datos socioeconómicos y educativos se generan bases de datos muy importantes por su contenido y significado en la toma de decisiones. Sin embargo, estos datos estadísticos no eran susceptibles de ser analizados desde una dimensión territorial por las limitantes propias de ser solamente tabulados. Si bien estas bases de datos se encuentran organizadas y estructuradas bajo el concepto de bases de datos relacionales, no es posible el encuentro de patrones territoriales o la realización de análisis espaciales. La necesidad de mapear cómo es la deserción escolar en el nivel de educación básica y cómo es territorialmente, y tratar de encontrar patrones de causa-efecto con variables geográficas, no era posible.

- **Necesidades de producción de cartografía temática.** El mapeo temático en forma masiva era un elemento requerido. La mayor parte de los resultados eran tabulados conformados por decenas de hojas en las cuáles no era posible apreciar patrones territoriales y la co-rrelación con variables geográficas era imposible. En este sentido, el poder de síntesis de la cartografía temática es evidente cuando un mapa temático puede mostrar de los centenares de escuelas ¿cuáles son aquellas que tienen problemas de deserción escolar? por ejemplo, y el patrón territorial que presenta. En síntesis, para la SEyC resultaba importante visualizar, consultar y analizar los centenares de datos estadísticos contenidos en sus bancos de datos en forma cartográfica.

- **Imposibilidad de realizar análisis espaciales para conllevar a la toma de decisiones estratégica.** Era necesario responder algunas preguntas estratégicas, por ejemplo. ¿cuál es el lugar más indicado para la construcción de una escuela secundaria en el contexto de la zona rural X? o ¿cuáles son las escuelas que estarán potencialmente afectadas por el paso de un huracán y a las cuales hay que preparar para las tareas de evaluación de daños y en su caso reconstrucción de la infraestructura?

- **Bancos de datos alfanuméricos en formatos heterogéneos.** La SEyC cuenta con diversas bases de datos alfanuméricas que comprenden datos muy variados que van desde aquellos relativos al control escolar, a la infraestructura educativa y a los recursos humanos, entre otros. Estas bases de datos se encuentran contenidas en diversos sistemas manejadores de bases de datos tales como Oracle, Informix, MySQL y Access. Estos datos, en gran medida deben ser mostrados de forma territorial, analizados con otras variables territoriales y por ello la necesidad de integrar estos bancos de datos con el proyecto SIG.

- **GEOSEP: Proyecto a nivel nacional poco funcional.** La SEyC tiene un desarrollo computacional denominado GEOSEP que pretende resolver muchos de los problemas educativos relativos a la parte territorial. Sin embargo, este desarrollo se caracteriza por estar basado conceptualmente en un manejo de los datos vía CAD lo que impide la realización de análisis espaciales; además, se orienta a la realización de mapas temáticos sencillos. El proyecto en su conjunto pondera la parte informática, quedando en rezago la parte de bancos de datos geoespaciales, tener personal altamente capacitado y definición de procedimientos específicos para llevar a cabo tareas de manejo, análisis y modelación de datos cartográficos y estadísticos.

- **Desconocimiento de la ubicación geográfica de los centros escolares de Quintana Roo.** Una de las necesidades más apremiantes para realizar un análisis espacial de la educación en el contexto del estado de Quintana Roo, era contar con un mapa digital de la ubicación geográfica de los centros escolares. A principios del año 2003, se desconocía por completo la ubicación exacta de los centros escolares lo que daba como resultado la imposibilidad de conocer qué, dónde y cómo era la oferta educativa bajo una dimensión territorial.

- **No empleo de tecnologías SIG, GPS y percepción remota.** La SEyC no contaba con personal capacitado para efectuar procesos de creación, manejo, análisis y modelación de bases de datos. Las tecnologías relativas a los sistemas de información geográfica, sistemas de posicionamiento global y percepción remota eran desconocidas.

- **Planeación territorial de la educación limitada.** Finalmente, se puede concluir que las condiciones anteriores daban como resultado una serie de problemas y limitantes para realizar procesos de análisis y tomas de decisión que conllevaran a generar una planeación territorial estratégica.

El reto era claro y lo constituía la creación de una herramienta SIG que permitiera la integración de *hardware*, *software*, datos, personal y procedimientos explícitamente definidos para realizar procesos de manejo, análisis y modelación de datos cartográficos y estadísticos para producir información que apoyara la toma de decisiones.

Un proyecto de esta naturaleza se caracteriza por su carácter corporativo dado que se debe tomar en consideración no sólo la participación de un gran número de áreas que, para este caso en particular, alimentan las bases de datos, sino también por el papel que desempeña en la toma de decisiones. Desde que un 60 a 80% de las tomas de decisiones de la SEyC tienen un carácter territorial, es claro que el SIG juega un rol básico en la resolución de un gran número de problemas territoriales que van desde cómo eficientar la distribución de libros de texto gratuitos, analizar la eficiencia terminal y la deserción escolar desde una perspectiva territorial, hasta saber con precisión dónde construir una escuela en el ámbito rural y saber cuáles son las zonas de influencia de una escuela primaria y aquellos alumnos que por su cercanía deberán ser inscritos a un centro escolar en particular. Países desarrollados como Estados Unidos, Francia y Canadá, emplean en forma intensiva estas herramientas para hacer una verdadera planeación educativa territorial, lo que trae consigo importantes beneficios que van desde un uso eficiente de los recursos hasta maximizar la cobertura de los servicios educativos.

El análisis de la situación geotecnológica al interior de la SEyC y una definición del estado actual de los cinco elementos a considerar en el desarrollo de un proyecto SIG da como resultado lo siguiente:

a) **Hardware.** Para el proceso de creación del proyecto SIGE, se encontró que la infraestructura de hardware existente era por demás ade-cuada. El Departamento de Estadística y Sistemas de Información contaba con computadoras, impresoras, *plotter*, escáner y una excelente red de comunicaciones para soportar el desarrollo de este proyecto SIG. Prácticamente, la inversión económica que se hizo en este componente del proyecto fue mínima.

b) **Software.** Si bien existían algunas licencias de software CAD y de SIG, un proceso de análisis y evaluación dio como resultado la necesidad de adquirir licencias de *software* SIG comerciales, de bajo costo y con una curva para el aprendizaje corta para esta primera etapa. Las licencias seleccionadas garantizan, en todo momento, la realización de procesos para la creación, manejo, análisis y modelación de datos cartográficos y estadísticos requeridos, así como la realización de productos cartográficos con un alto nivel de calidad. La inversión realizada en este rubro no superó los $2,000.00 dólares.

c) **Datos.** Una gran cantidad de datos estadísticos en formato digital y adecuadamente estructurados bajo las premisas de la tecnología de sistemas manejadores de bases de datos se encontraban al inicio del proyecto. El Departamento de Estadística y Sistemas de Información tenía una gran base de datos de variables educativas, resultado de los cuestionarios 911 que se aplican al inicio y fin de cursos para todos los niveles, que arrojan miles de variables. Además, otras bases de datos alfanuméricas contaban con los requisitos para rápidamente ser incorporados al sistema de información geográfica, como es el caso de bases de datos que contienen información acerca de la infraestructura educativa, perso- nal, control escolar, etcétera. Un dato importante es que todas estas bases de datos podían ser mapeadas a nivel de centro escolar una vez que se incorporara la clave oficial de los mismos (clave CCT).

En lo que respecta a datos cartográficos, se contaba con un importante volumen de ellos en formatos digitales crudos, que no tenían una adecuada estructura topológica y sin las características requeridas para su correlación e integración con bases de datos estadísticas; esto representaba una limitante para la realización de análisis geoestadísticos y territoriales. Además, había diversas capas en formato analógico (impreso) que era necesario convertir a formato y estructura digital SIG. En esta parte un elemento que llamaba sobremanera la atención es que se desconocía por completo la ubicación geográfica de la totalidad de los centros escolares. No se tenía la posibilidad de saber cuántos centros escolares había en la región económica X o cuántos estaban dentro de la zona de riesgo por huracanes en el año Y, o simplemente la relación existente entre la ubicación de las escuelas, el mapeo de los niños y niñas que mencionaban tener problemas de nutrición y las zonas de reparto de los desayunos escolares.

Finalmente, no se tenía un banco de datos de imágenes que permitieran conocer cómo eran los centros escolares, las condiciones alre-dedor de sus instalaciones y un medio para tomar decisiones en torno a la infraestructura presente de la misma. Dentro de esto, se puede mencionar la falta de conocimiento de los centros escolares desde un punto de vista de ingeniería de construcción y poder determinar, por ejemplo, si es más conveniente la construcción de una nueva aula o la ampliación de la misma.

d) **Personal.** El Departamento de Estadística y Sistemas de Información de la SEyC contaba con dos personas que tenían conocimientos en sistemas de información geográfica por haber participado en un Diplomado en SIG con una duración de 180 horas impartido por el Centro de Información Geográfica de la División de Ciencias e Ingeniería de la Universidad de Quintana Roo. Este es quizá el elemento más importante que permitió la realización del proyecto gracias a que el personal sabía de la importancia de las geotecnologías para analizar y resolver problemas territoriales relacionados con la educación. La gerenciación del proyecto al interior de la SEyC estaba garantizada al tener personal con conocimientos teóricos y prácticos adecuados.

e) Procedimientos. Estos tienen que ver con la creación, manejo, análisis y modelación de datos geoespaciales, así como para obtener productos de información. El estado inicial en cuanto a este elemento era que no existían lineamientos para producir reportes o productos cartográficos. De hecho, la documentación para generar información era prácticamente inexistente. Resultaba por demás necesario crear procedimientos para la realización de análisis geoestadísticos y de esta forma producir resultados adecuados para los tomadores de decisión. Por ejemplo, no se contaban con los procedimientos que permitirían responder a los siguientes cuestionamientos:

- ¿Cuál es el mejor sitio para construir un nuevo centro escolar?
- En función de indicadores de marginación y de aprovechamiento escolar, ¿cuáles son aquellas localidades en donde se deben otorgar becas escolares?
- ¿Existe una relación entre variables geográficas y/o socioeconómicas con la deserción escolar? ¿cuáles son?
- ¿Cuál será la demanda de educación en las localidades urbanas dentro de 5 ó 10 años atendiendo a los patrones de crecimiento poblacional de los últimos 10 años?
- ¿Cuál es la relación territorial de centros de educación primaria y secundaria? ¿cuál es el escenario ideal para designar a los alumnos que deben ingresar a secundaria en función de cercanía y espacio educativo?

El siguiente paso para la realización del proyecto lo constituyó la definición de los requerimientos del usuario. Es importante destacar que esta primera fase del proyecto estuvo definida por los recursos económicos disponibles, un lapso de tiempo específico y de resultados alcanzables que sirvieran como punto de referencia para analizar el componente de la educación geográficamente. Los requerimientos del usuario definidos se citan a continuación (figura 25):

- Datos alfanuméricos con un nivel de desagregación territorial al más alto detalle, que en este caso corresponde al centro escolar, ya que se requiere conocer cuáles son las coordenadas de ubicación de los mismos, para conformar una base de datos geográfica de todos los centros educativos (ubicación geográfica + datos alfanuméricos descriptivos). La asociación de datos gráficos descriptivos es importante para estar en capacidad de conocer cómo es realmente el centro escolar y sus características a nivel de infraestructura física (fotografías, videos y planos de construcción).

- Interrelacionar las bases de datos educativas con datos de carácter socioeconómico (datos censales) para derivar indicadores y proyecciones utiles en las tomas de decisión de alto nivel.
- Se requiere de una base de datos geográfica estatal digital a una escala nominal 1:250,000 que sirva como marco de referencia geográfico a los centros escolares. Esta cartografía permitirá realizar análisis espaciales como proximidad o cobertura territorial de la educación a un nivel estatal y regional.
- Para los ámbitos urbanos se requiere contar con cartografía de referencia urbana a escala del orden 1:50,000-1:25,000 y, de esta forma, contar con datos que permitan analizar la cobertura territorial de la educación a nivel ciudad.
- Contar con personal capacitado al interior del Departamento de Estadística y Sistemas de Información en materia de sistemas de información geográfica y estadística para soportar los procedimientos de captura, manejo y análisis de datos cartográficos y estadísticos.
- Generar cartografía temática y reportes complejos resultado de análisis geoestadísticos, incluyendo una normatividad cartográfica adecuada en los métodos de representación cartográfica

Resumiendo, los requerimientos del usuario se centraban en la construcción de bases de datos geográficas digitales, desarrollo de proyectos geocartográficos en *software* especializado de SIG, así como capacitación y creación de manuales de procedimientos.

El objetivo general del proyecto SIGE se definió de la siguiente forma:

- Elaborar un sistema de información geográfica que permita la realización de procesos de manejo y análisis con base en datos estadísticos (variables de educación y socioeconómicas) y cartográficos (levantamiento geodésico de los centros escolares y mapas de referencia topográfica) para la generación de resultados geoestadísticos que coadyuven a la toma de decisiones en la SEyC.

Los objetivos específicos del SIGE se definieron de la siguiente manera:

- Desarrollar una base de datos geográfica educativa a escala 1:20,000 para su integración en un sistema de información geográfica y correlacionar tanto los datos descriptivos de los centros escolares, como los datos socioeconómicos a nivel localidad, con las imágenes y videos para caracterizar sus condiciones cualitativas.
- Conformar una base de datos de referencia estatal a escala 1:250,000 de alta calidad como marco de referencia territorial para los datos educativos y posibilitar su manejo y análisis a diferentes niveles de desagregación territorial.
- Conformar una base de datos de referencia urbana a escala 1:25,000 de alta calidad como marco de referencia territorial para los datos educativos y con ello posibilitar su manejo y análisis en este nivel de desagregación territorial.

Figura 25. Esquema conceptual de los elementos a desarrollar para la creación del SIGE.

Fuente: Elaboración propia.

- Crear una serie de proyectos (*.APR) en el *software* de SIG ArcView 3.3 que comprenda diversos moldes cartográficos, incluyendo métodos de representación cartográfica estándar, la integración de las diferentes bases de datos geográficas estatal y urbana, así como programas para el cálculo de estadísticas y su representación territorial.

- Crear manuales de procedimientos para el mantenimiento y actualización de las bases de datos tanto estadísticas como cartográficas.
- Se desarrollará un manual para la generación de indicadores geoestadísticos al interior del *software* de SIG.
- Capacitar a personal del Departamento de Estadística y Sistemas de Información en el manejo adecuado del desarrollo SIG implantado, incluyendo la operatividad del *software* de SIG ArcView 3.2 ó 3.3. Es importante mencionar que se hizo especial énfasis en la producción de diversos reportes complejos que de forma estratégica coadyuven a tomas de decisión de alto nivel.
- Finalmente, capacitar a personal del Departamento de Estadística y Sistemas de Información en métodos para organizar, resumir y presentar datos de manera informativa, generar indicadores y modelos de correlación y predicción para realizar proyecciones de población escolar como elementos fundamentales en el proceso de planeación y evaluación educativa.

A continuación, se describen cada uno de los elementos desarrollados que conformaron finalmente el proyecto SIGE:

a) Base de datos educativa. Se realizó la definición de la metodología y el correspondiente proceso de capacitación para georreferenciar los 1635 centros escolares existentes en el estado de Quintana Roo para el año 2003. El resultado, es un archivo digital en formato y estructura SIG que permite saber con un exactitud posicional de +/- 3 m dónde están ubicados los centros escolares. Además, a cada centro escolar, representado cartográficamente como un punto, se le asoció una serie de datos descriptivos tales como la clave CCT, sus coordenadas de ubicación, la modalidad del centro escolar, el nivel educativo, el nombre de la escuela, nombre del director, entre otros atributos. Finalmente, cada centro escolar tiene campos llave para enlazar las diferentes bases de datos de control escolar, recursos humanos, infraestructura, entre otros (figuras 26 y 27).

FIGURA 26. Ubicación puntual de los 1,635 centros escolares en el estado de Quintana Roo, a través del empleo de la tecnología GPS

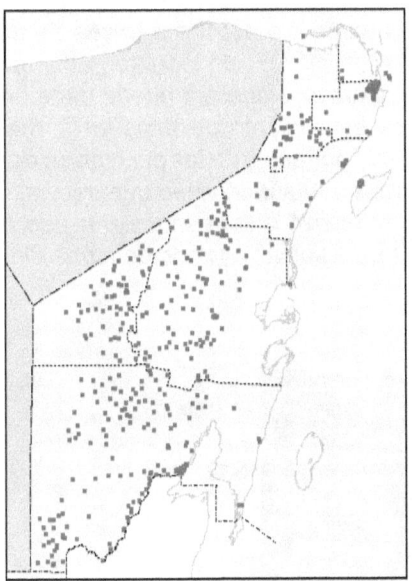

Fuente: Elaboración propia (2004).

Figura 27. Ejemplo de los atributos asociados a cada uno de los centros escolares del estado de Quintana Roo

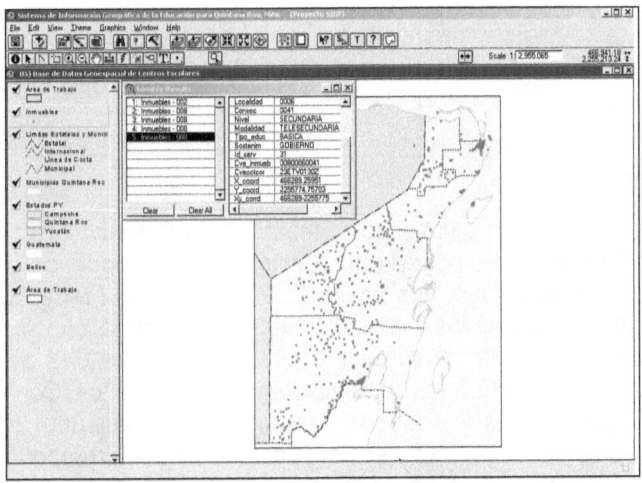

Fuente: Idem.

Con la finalidad de especificar cuáles son las características físicas de cada centro escolar, se adquirieron una serie de fotografías en diferentes perspectivas para cada uno de ellos. Esto brinda la posibilidad de saber realmente cómo es cada centro escolar a través de una inspección de las tomas fotográficas. La asociación de las fotografías es de forma dinámica de tal manera que el usuario o analista puede darle un *click* a cada centro escolar y desplegarse un conjunto de fotos en forma de *slides*. Para los centros escolares más importantes de las principales ciudades se diseñó una metodología que permite adquirir un video que detalla cómo es cada uno de ellos. De igual forma, se realizó la correspondiente asociación de los archivos a cada centro escolar para ser visualizado de forma dinámica (figura 28).

Figura 28. Asociación dinámica de varias fotografías en diferentes perspectivas de cada centro escolar.

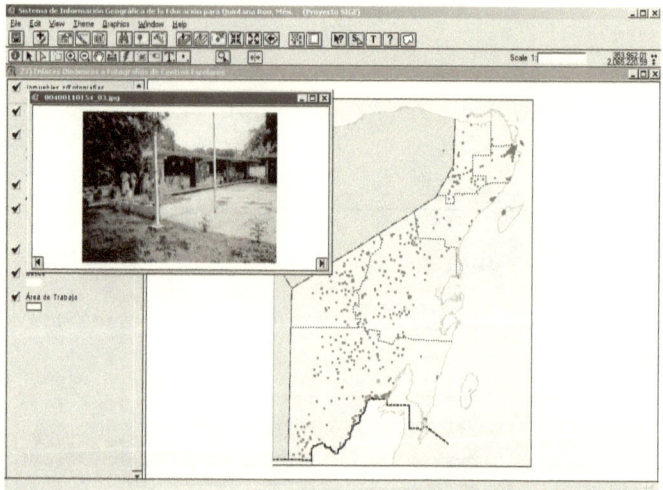

Fuente: Proyecto SIGE (2004)

El conocer cómo es un centro escolar desde una perspectiva de construcción resulta fundamental para poder tomar decisiones al respecto de si se puede construir un nuevo edificio, una vez que se cuente con el terreno necesario o bien, si el centro escolar está construido de tal forma que puede servir de albergue en caso del paso de un huracán o si ante una eventualidad meteorológica de esta naturaleza puede llegar a sufrir daños. Con base en lo anterior, se reestructuraron y asociaron los archivos de cada uno de los planos de construcción de los centros escolares a cada punto correspondiente a un centro escolar para realizar procesos de visualización, impresión y consulta de forma fácil e interactiva (figura 29).

Figura 29. Asociación dinámica de cada plano de construcción a los 1,635 centros escolares del estado de Quintana Roo.

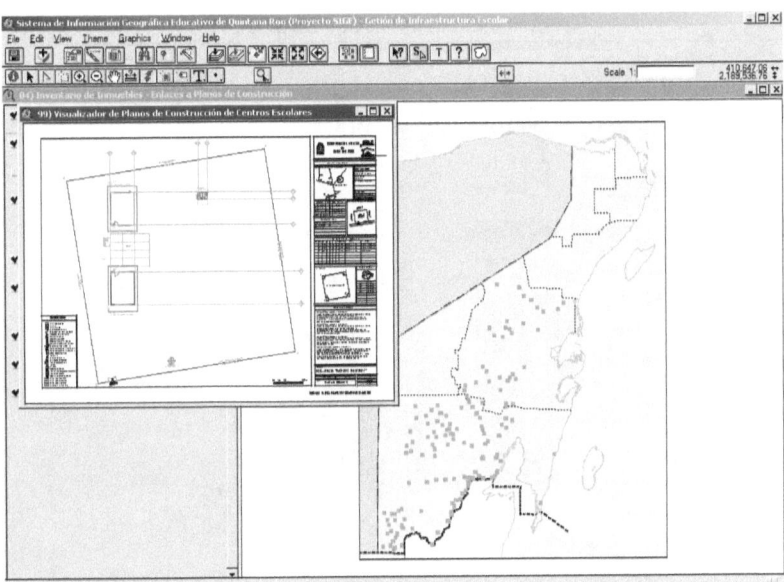

Fuente: Idem

El mapa de puntos correspondiente a la ubicación geográfica de los centros escolares permite la asociación de bases de datos alfanuméricas, gracias a que se consideran las premisas de la teoría de las bases de datos relacionales. Esto significa que si bases de datos como las de control escolar, recursos humanos, infraestructura o evaluación de la calidad educativa cuentan con la clave CCT se puede enlazar y de esta forma visualizar, consultar y analizar estos datos en forma geoespacial. La figura 30 muestra el diseño relacional de las bases de datos resultado de los cuestionarios 911, y la forma en cómo se vinculan con otras bases de datos y, por supuesto, con el mapa de puntos de los centros escolares.

Figura 30. Diagrama entidad-relación de la base de datos educativa del proyecto SIGE que permite la consulta, visualización y manejo de los datos estadísticos de forma territorial

Diagrama Entidad-Relación DBGEOEST

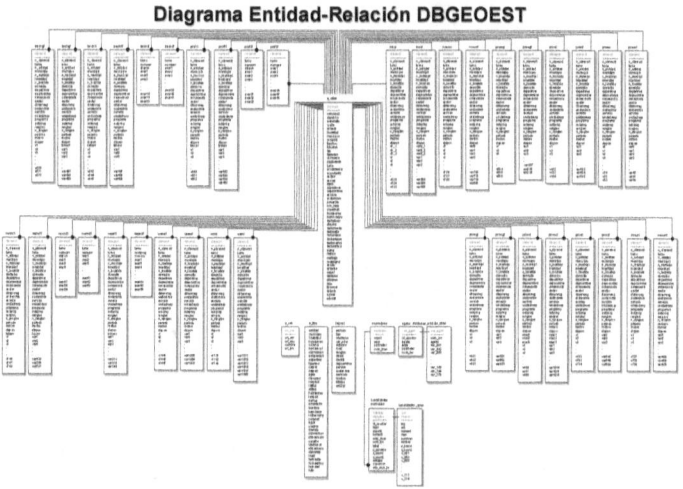

Fuente: Proyecto SIGE (2004).

b) Base de datos cartográfica a nivel estatal escala 1:250,000. La base de datos educativa es, en exclusivo, un mapa digital en estructura y formato SIG que comprende 1635 puntos que hacen referencia a cada uno de los centros escolares y toda una serie de bases de datos alfanuméricas externas que pueden ser relacionadas vía ODBC[1]. Sin embargo, resulta fundamental tener un marco de referencia geográfico que permita saber dónde están ubicadas las escuelas según elementos tales como municipios, vías de comunicación terrestres, localidades, etcétera.

Con el objetivo de realizar análisis espaciales no sólo con los centros escolares sino también con datos alfanuméricos asociados en relación a va-riables geográficas básicas con las cuales se definieron y crearon mapas digitales en formato y estructura SIG, se citan a continuación las capas de datos creadas (figuras 31 y 32):

- Localidades a nivel puntual. Estas localidades, contemplan 125 variables estadísticas derivadas del XII Censo Nacional de Población y Vivienda del INEGI.
- Zonas urbanas a nivel areal.

---

1 Object DataBase Conectivity.

- División política-administrativa que incluye polígonos limítrofes internacionales, nacionales, estatales y municipales.
- Vías de comunicación terrestres tales como autopistas, carreteras pavimentadas, terracerías, puentes, rutas de embarcación y faros.
- Infraestructura e instalaciones diversas de tipo areal, lineal y puntual tales como ductos de PEMEX, líneas eléctricas de alta tensión, plantas geotérmicas, termoeléctricas, subestaciones eléctricas, entre otras.
- Isohipsas o curvas de nivel almacenando la altitud en metros sobre el nivel medio del mar.
- Altimetría en rangos altitudinales o bien, polígonos con datos de altitud en metros sobre el nivel medio del mar.
- Rasgos hidrológicos superficiales, como lagos, lagunas, ríos, canales y manantiales.
- Rasgos de referencia topográfica como arrecifes, pantanos, zonas con vegetación densa y terrenos sujetos a inundación.
- Polígonos de las áreas protegidas y sitios en general de tipo arqueológico.
- Mapa de referencia topográfica *raster* del estado de Quintana Roo, derivado de las cartas topográficas impresas a escala 1:250,000.
- Imagen de satélite del año 2000 como referencia geográfica general.

El origen de estos datos fueron archivos en formato DXF y DWG mismos que fueron depurados, corregidos topológicamente y organizados en librerías SIG. Los metadatos fueron creados con base en el "Estandar para la generación de metadatos de la Red de Sistemas de Información Geográfica de la Península de Yucatán".

Con esta base de datos cartográfica de referencia estatal, la SEyC tiene la oportunidad de desarrollar toda una serie de procesos de análisis para generar información que permita tomar decisiones adecuadas. Por ejemplo, al inicio de los cursos es necesario realizar la correspondiente entrega de los libros de texto gratuito. Si se sabe cuántos alumnos se tienen por cada centro escolar, dónde están ubicados los centros escolares por localidad y los centros de distribución de libros de texto, es posible entonces la realización de rutas óptimas y análisis de asignación para disminuir tiempos y costos en el proceso de repartición de los libros.

Figura 31. Ejemplo de la cartografía de referencia geográfica del estado de Quintana Roo a escala 1:250,000 en formato vector.

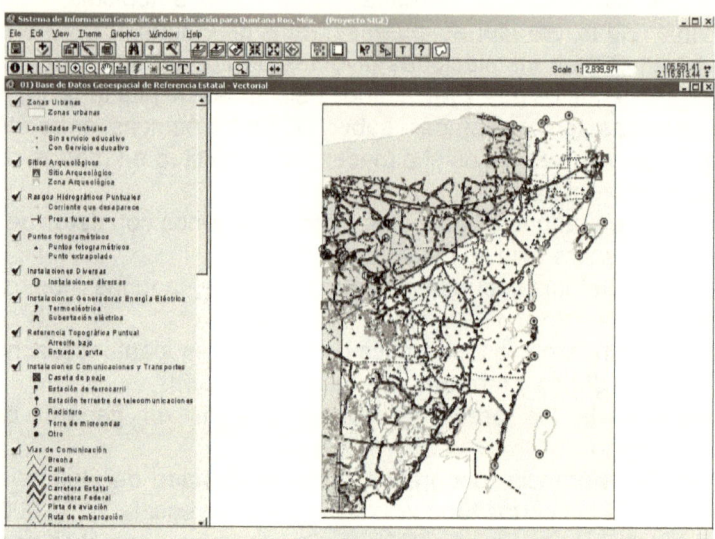

Fuente: Elaboración propia.

Figura 32. Ejemplo de la porción sur del estado de Quintana Roo que comprende varias capas de datos geográficas.

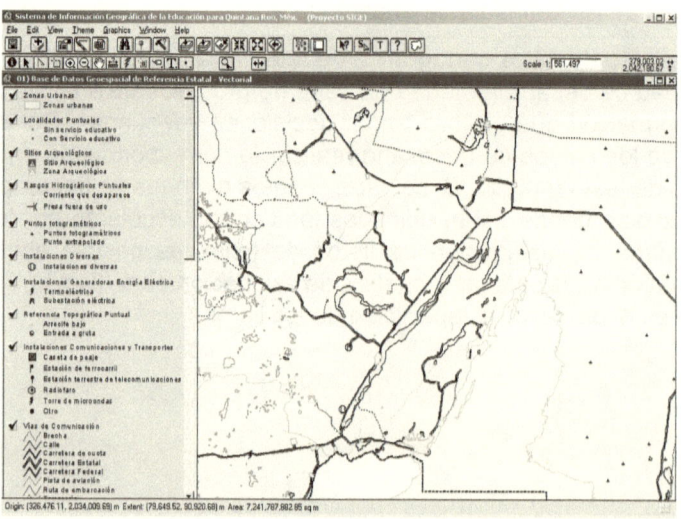

Fuente: Idem

c) Base de datos de cartografía urbana. El análisis espacial de la educación tiene una gran complejidad en el ámbito urbano, no sólo porque en estos contextos se tiene el mayor número de centros escolares, sino también porque se tiene el mayor número de alumnos y profesores. Estos análisis obligan, por tanto, a tener un mayor detalle en la cartografía y por ello se definió una escala final de trabajo de 1:25,000.

Las ciudades que se consideraron como prioritarias para la construcción de esta base de datos cartográfica vectorial de referencia urbana fueron 21: cabeceras municipales de ocho municipios de Quintana Roo: Cd. de Cozumel, Felipe Carrillo Puerto, Isla Mujeres, Cancún, Chetumal, Playa del Carmen, Kantunilkin y José María Morelos, además de las siguientes localidades: Chunhuhub, Tihosuco, Bacalar, Calderitas, Nicolás Bravo, Javier Rojo Gómez, Álvaro Obregón, Sergio Butrón Casas, Alfredo V. Bonfil, Leona Vicario, Joaquín Zetina Gasca, Dziuché y Tulum.

La cartografía tuvo su origen en los mapas digitales contenidos en el SCINCE (Sistema para la Consulta de Información Censal, 2000) creado por el Instituto Nacional de Estadística, Geografía e Informática. Para cada ciudad se generaron cuatro capas de datos geográficos que incluyen:

1) Límites de manzanas.
2) Anotaciones correspondientes a los nombres de las calles.
3) Límites de áreas geoestadísticas básicas (AGEBs) con las corespondientes 170 variables socioeconómicas y demográficas al año 2000.
4) Elementos de referencia urbana tales como iglesias, centros de asistencia médica, palacio municipal o ayudantías, mercados, cementerios, plazas y jardines.

Un análisis de la exactitud posicional de esta cartografía deja entrever un error medio cuadrático de 75 metros. Desde que el INEGI hace mención que esta cartografía es elaborada con fines de referencia geoestadística, el proyecto SIGE la considera como transicional mientras se elabora una cartografía con mejor nivel de exactitud posicional dados los requerimientos propios de la SEyC. El resultado final, es que la cartografía del SIGE es de mayor exactitud posicional que la generada por el INEGI.

La ciudades de Chetumal y Cancún se constituyen como los más importantes puntos urbanos de análisis espacial en materia de educación. Para generar una cartografía actual, con altos niveles de exactitud posicional e incluso tener una mayor cantidad de datos, se procedió a la construcción de una base cartográfica de referencia urbana a partir de imágenes de satélite de alta resolución. Esto implicó la adquisición de dos escenas del satélite *Quickbird* (www.digitalglobe.com) para Cancún y Chetumal en modo pancromático (11 bits) y con una resolución espacial de 60cms (figuras 33 y 34). Las imágenes fueron georreferenciadas a partir de la aplicación de un polinomio de segundo grado considerando más de 70 puntos de control, tomados directamente en campo con receptores GPS de exactitud decimétrica. Una evaluación de los resultados deja entrever un error medio cuadrático de 1.5 metros lo cual es suficiente para garantizar productos a una escala del orden 1:25,000.

Con base en las imágenes georreferenciadas (UTM, Zona 16N, Datum ITRF92) se procedió a la realización de procesos de digitalización en pantalla para tener los límites de manzanas. El resto de los datos contenidos en el SCINCE fueron trasladados a esta base para finalmente tener una cartografía actual, con alto grado de detalle métrico y de bajo costo.

Figura 33. Imagen de satélite de alta resolución pancromática Quickbird con cobertura a la Cd. de Chetumal.

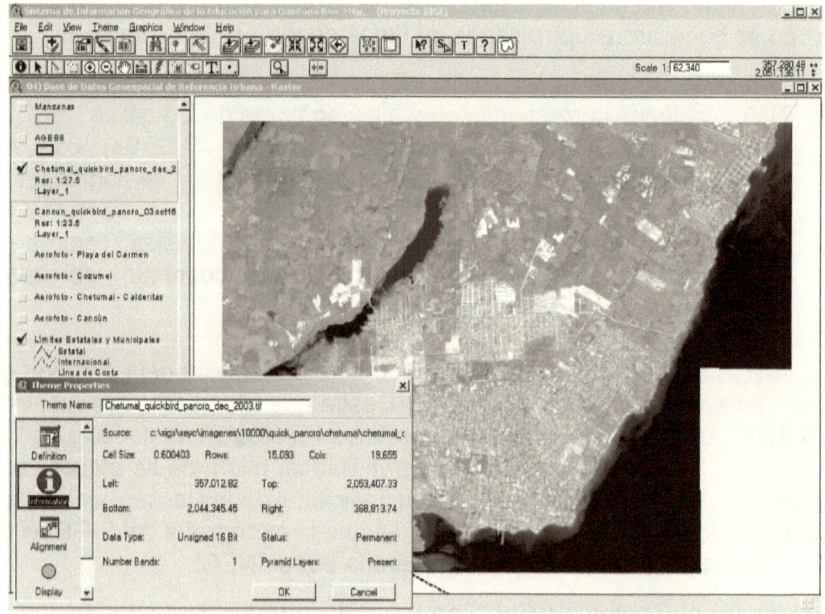

Fuente: Idem.

Figura 34. Ejemplo del detalle de la imagen de satélite. Se aprecia en este caso, la Universidad de Quintana Roo.

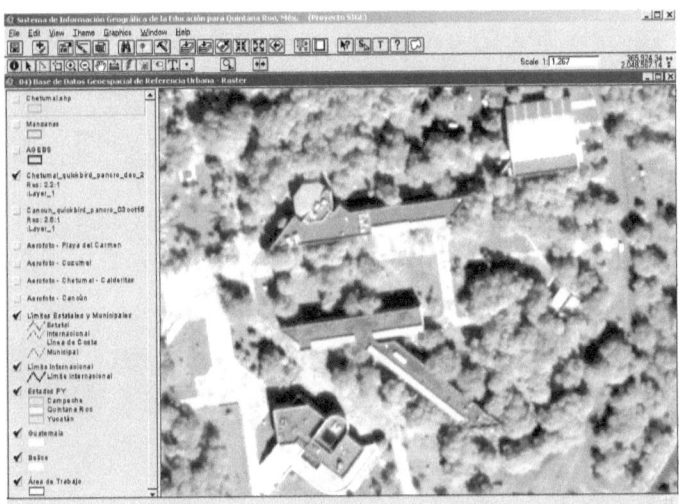

Fuente: Idem.

Con el componente del SIGE relativo a la base de datos cartográfica de referencia urbana, se dispone de datos territoriales para realizar análisis que van desde cuáles son las áreas de influencia de las escuelas y aquellos alumnos que deberán estar inscritos en ellas hasta proveer a otras instancias de estos datos, con fines de planeación y respuesta rápida a contingencias.

Los resultados de la cartografía urbana generada con base en imágenes de satélite de alta resolución son por demás adecuadas y el método deberá ser replicado en etapas ulteriores del proyecto en otras ciudades del estado de Quintana Roo (figura 35).

d) Proyectos geocartográficos en software de SIG. Las bases de datos creadas con todas las características requeridas por la tecnología SIG para realizar procesos de consulta, manejo, análisis, modelación y creación de productos cartográficos, tuvieron que ser integradas, organizadas y puestas en proyectos cartográficos en software de sistemas de información geográfica.

El programa de cómputo SIG empleado para la creación del proyecto SIGE fue el ArcView GIS ver. 3.3 de la empresa ESRI. Algunas razones que motivaron su adquisición fue su bajo costo, más aún para instituciones educativas, el satisfacer los requerimientos de manejo, análisis y modelación, así como una curva de aprendizaje muy rápida.

Figura 35. Porción centro de la Cd. de Cancún que muestra el resultado de la cartografía vectorial de referencia urbana.

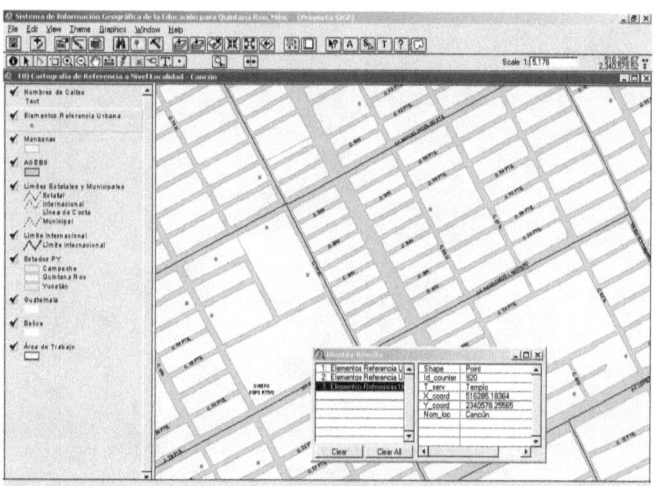

Fuente: Idem

Con base en el esquema de trabajo de este programa de cómputo, se procedió a la elaboración de una serie de proyectos cartográficos (archivos *.APR) que organizaran y facilitaran la realización de diversos procedimientos. Algunos *scripts* fueron desarrollados para generar productos específicos como es el caso de algunos métodos de representación cartográfica que no están incluidos en el programa de cómputo, así como *scripts* para la visualización de los planos de construcción de los centros escolares, entre otros.

Al final, se crearon siete proyectos geocartográficos (figuras 36, 36 B, 36 C y 37) que permitieron organizar, administrar y realizar toda una serie de operaciones sobre las bases de datos y procesos específicos. Estos proyectos fueron:

- Base de datos cartográfica educativa.
- Base de datos cartográfica de referencia estatal.
- Base de datos cartográfica de referencia urbana.
- Moldes cartográficos para la producción de mapas temáticos a nivel estatal, municipal y urbano.
- Simbologías y en general métodos de representación cartográfica estándar a ser empleados en la construcción de mapas temáticos.

- Proyecto con la elaboración de 35 indicadores educativos a nivel centro escolar, zona escolar, localidad y municipio.
- Proyecto con cartografía temática sobre la tecnología educativa existente en centros escolares del estado.
- Imagen de satélite al 2000 como referencia geográfica general.

Figura 36. A Ejemplo de un proyecto geocartográfico que permite realizar mapas temáticos complejos y facilidad para realizar análisis espaciales .

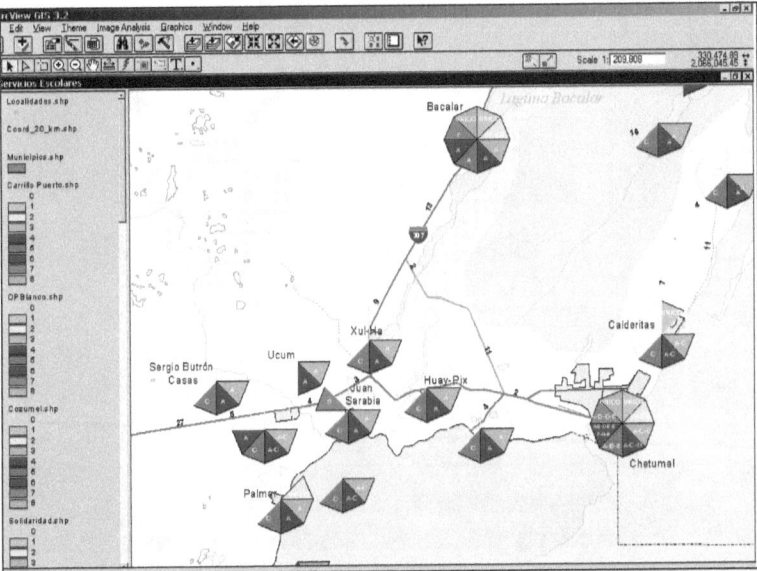

Fuente: Proyecto SIGE (2004).

Figura 36.B

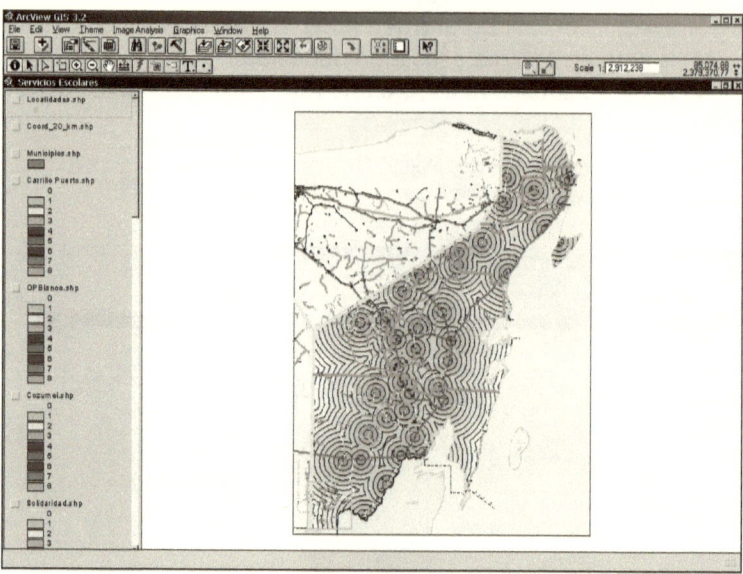

Fuente: Idem.

Figura 36.C

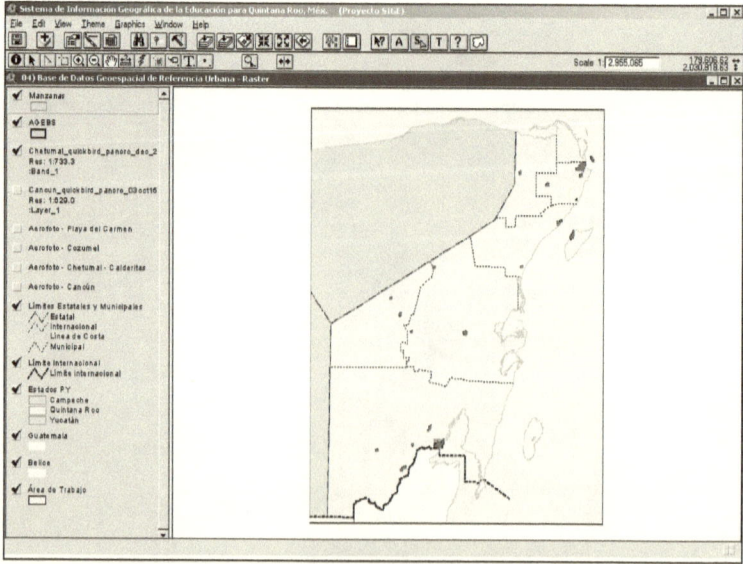

Fuente: Idem.

Figura 37. Mapa temático de los servicios educativos y referencia geográfica del estado de Quintana Roo creado a partir de las bases de datos geográficas digitales

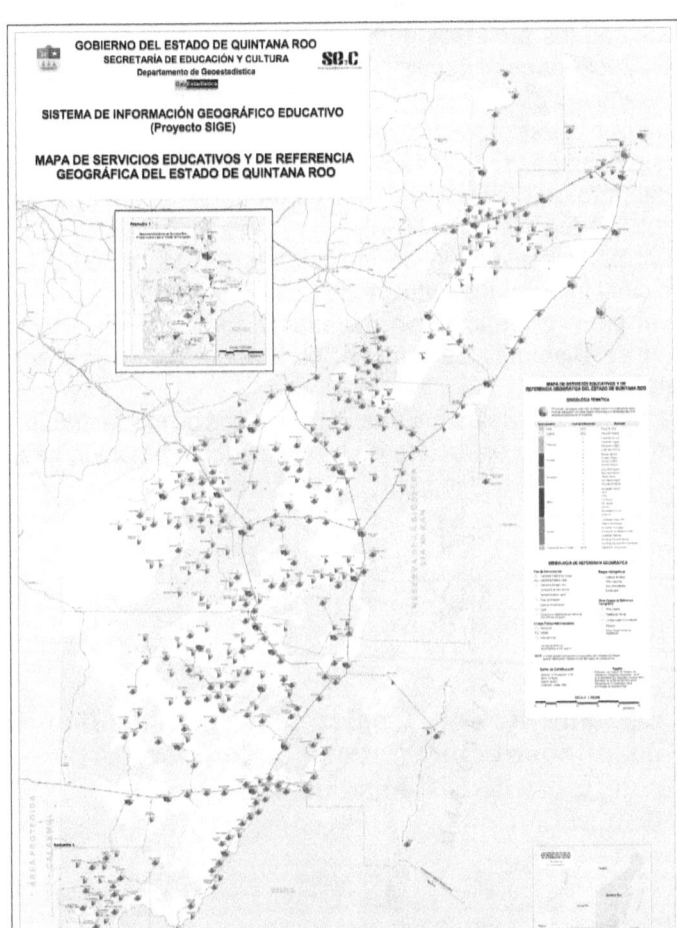

Fuente: Proyecto SIGE (2004).

e) Manuales de procedimientos. Este componente del proyecto SIGE consistió en elaborar documentos que dejarán establecidos toda una serie de procedimientos en el manejo y análisis de los bancos de datos geoespaciales. Estos documentos permiten, por lo tanto, dar una precisión de cómo deben ser realizados los procesos para garantizar resultados adecuados. Algunos de los manuales generados fueron los siguientes (figura 38).

- Manual para la actualización de la cartografía vectorial estatal y de referencia urbana, considerando procesos genéricos con base en datos puntuales, lineales y areales.
- Manual con los procesos para realizar una conexión de una base de datos Oracle para Windows NT con datos educativos y el *software* de SIG ArcView 3.3.
- Manual con la descripción de la instalación, contenidos y características de los proyectos de ArcView que serán entregados como producto.
- Manual para la integración de bases de datos estadísticas con bases de datos cartográficas.
- Manual para la creación de indicadores de educación y cartografía temática al interior del *software* de SIG ArcView 3.3.
- Manual para la creación de metadatos con base en el estándar de la Red de Sistemas de Información Geográfica de la Península de Yucatán.
- Lineamientos para la estructuración de planos de infraestructura escolar en formato CAD a estructura de sistemas de información geográfica.

FIGURA 38. Ejemplo de un manual de procedimientos creado para el proyecto SIGE

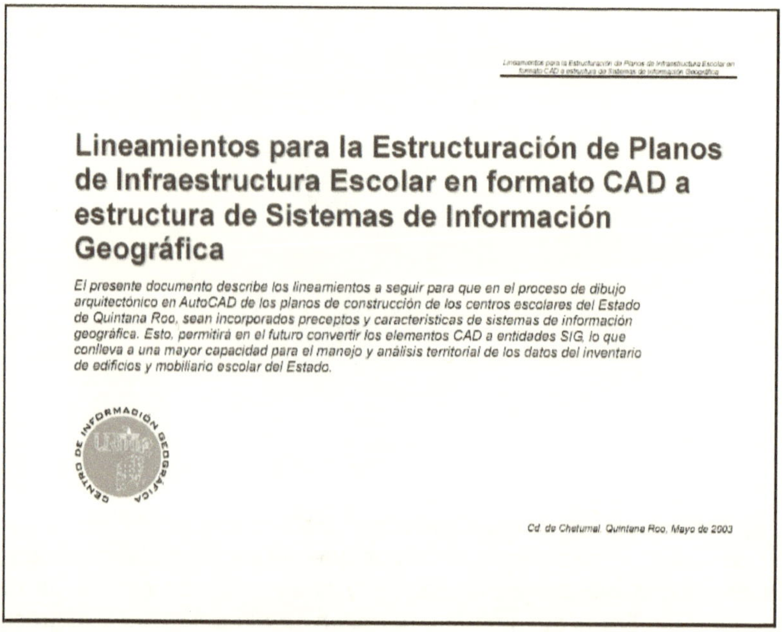

Lineamientos para la Estructuración de Planos de Infraestructura Escolar en formato CAD a estructura de Sistemas de Información Geográfica

Lineamientos para la Estructuración de Planos de Infraestructura Escolar en formato CAD a estructura de Sistemas de Información Geográfica

El presente documento describe los lineamientos a seguir para que en el proceso de dibujo arquitectónico en AutoCAD de los planos de construcción de los centros escolares del Estado de Quintana Roo, sean incorporados preceptos y características de sistemas de información geográfica. Esto, permitirá en el futuro convertir los elementos CAD a entidades SIG, lo que conlleva a una mayor capacidad para el manejo y análisis territorial de los datos del inventario de edificios y mobiliario escolar del Estado.

CENTRO DE INFORMACIÓN GEOGRÁFICA

Cd. de Chetumal, Quintana Roo, Mayo de 2003

Fuente: Proyecto SIGE (2004).

f) Capacitación en *software* y tecnología SIG y capacitación en geoestadística. Con la finalidad de que el personal de la SEyC contara con los conocimientos teóricos y prácticos para un adecuado manejo del SIGE, se diseñaron e impartieron una serie de cursos de capacitación que sumaron más de 130 horas; con ellos, el personal de la SEyC puede realizar productos cartográficos y estadísticos que apoyen de una forma rápida y confiable la toma de decisiones en materia de educación (figura 39).

Los cursos de capacitación fueron definidos con base en los objetivos originalmente planteados, así como en los requerimientos que en el desarrollo del proyecto fueron detectados y considerados como indispensables:

- Curso para el manejo y análisis de las bases de datos geoespaciales del SIGE.
- Curso para la generación de cartografía temática tridimensional.

Figura 39. Ejemplo de mapa temático en 3D que muestra, por área geoestadística básica dela Cd. de Cancún, el número total de alumnos de primaria por centro escolar al año 2004.

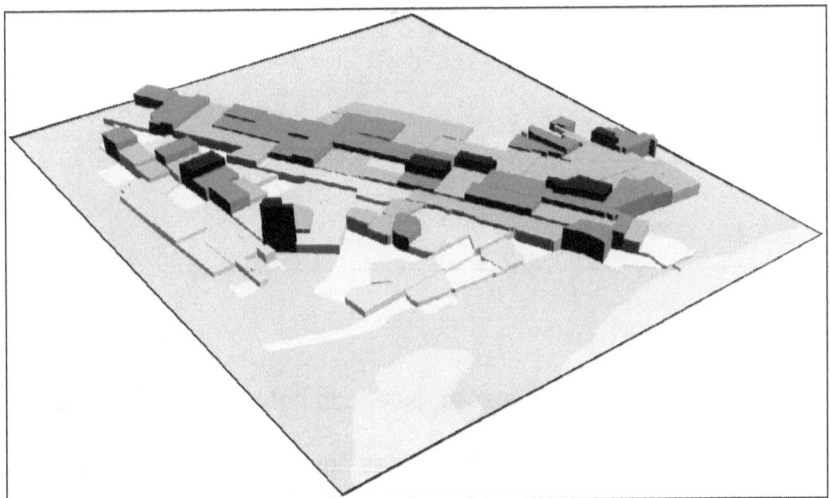

Fuente: Idem.

- Curso para el mantenimiento y generación de enlaces dinámicos a fotografías, videos, bases de datos, mapas, etcétera.
- Curso para el manejo de imágenes de satélite de alta resolución.
- Curso de geoestadística comprendiendo los temas de métodos descriptivos de datos, elaboración de indicadores, análisis de regresión y correlación y modelos de proyección poblacional.

- Curso para el manejo de los proyectos de ArcView generados con énfasis en la producción de reportes de alto nivel para tomas de decisión estratégicas.
- Curso para el desarrollo de indicadores estadísticos al interior del *software* ArcView 3.3.
- Curso para la actualización de la base de datos cartográfica estatal escala 1:250,000 (figura 40).

Figura 40. El curso de actualización de la base de datos cartográfica estatal permitió actualizar la capa de vías de comunicación terrestres y generar con ello rutas óptimas.

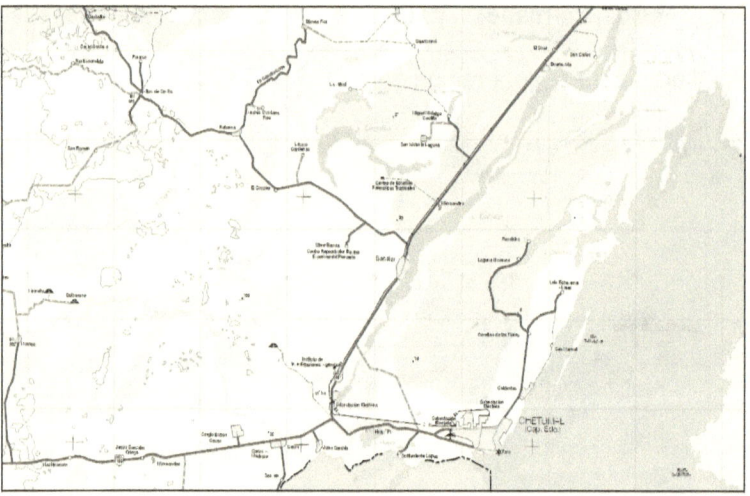

Fuente: Elaboración propia.

- Curso de análisis espacial raster con base en el módulo *ArcView Spatial Analyst*.
- Curso de análisis de redes (rutas óptimas y asignación de áreas) con base en el módulo *ArcView Network Analyst*.
- Curso para la impresión de productos cartográficos complejos a través del módulo *ArcView ArcPress*.

La madurez y el desarrollo alcanzado en los componentes informáticos no garantizan el éxito de un proyecto SIG si el personal no cuenta con los conocimientos teóricos y prácticos adecuados para analizar la base de datos geoespacial requerida para generar información sustentada en procedimientos y, finalmente, servir para la toma de decisiones.

Hasta este punto, el SIGE se constituye como un sistema de información geográfica inscrito en una dependencia a nivel estatal y que se concibe como un motor para el análisis y modelación de datos geográficos, y generar con ello información que sirva para la toma de decisiones de alto nivel y confiabilidad.

Con los elementos del SIGE adecuadamente estructurados (datos, personal, procedimientos, *hardware* y *software*), se tiene la posibilidad de realizar análisis espaciales con alto grado de confiabilidad y rapidez. Por citar un ejemplo, se tiene que el estado de Quintana Roo, por su ubicación geográfica, está sujeto al impacto continuo de huracanes y otros fenómenos hidrometeorológicos. La SEyC requiere respuestas rápidas para saber cuáles serían las infraestructuras potencialmente afectables y con esto iniciar una estrategia para llegar a restaurar en un tiempo corto el servicio educativo (figura 41). Incluso, esta dependencia al manejar y analizar de forma efectiva diferentes bases de datos, estaría en capacidad de brindar información a otras instancias de gobierno para coadyuvar a las tareas de protección civil, como es el caso de las escuelas que por sus características de construcción son las más adecuadas para considerarlas como refugios y albergues.

El SIGE, bajo este enfoque de sistema de información geográfica para coadyuvar a la toma de decisiones, puede, por lo tanto, tomar la trayectoria actual y pronosticada de un evento hidrometeorológico de gran magnitud como el caso de un huracán, sobreponer esta capa de datos a la base de datos educativa y cuantificar y describir cuáles son las escuelas que potencialmente se verían afectadas. Respuestas como éstas, de forma rápida y con altos niveles de confiabilidad, son las que día a día el SIGE está listo para producir e impactar en la realidad en pro del desarrollo y de la planeación estratégica del sector educativo de Quintana Roo.

Figura 41. En función de la trayectoria de un huracán, el SIGE puede ubicar y describir las escuelas que potencialmente serían afectadas por la dinámica del meteoro.

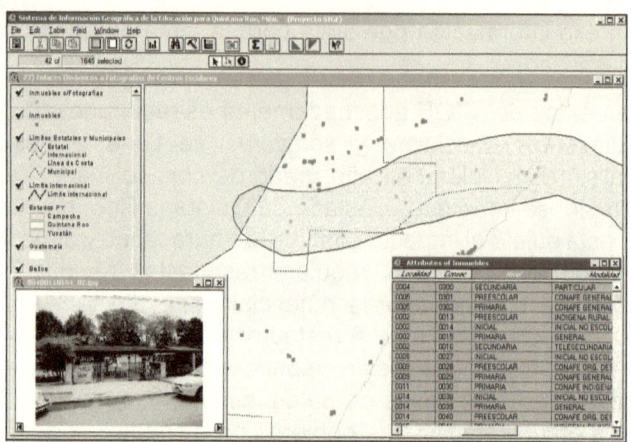

Fuente: Proyecto SIGE (2004).

Los resultados globales del proyecto SIGE en su primer etapa, se pueden sintetizar en lo siguiente:

- Banco de datos estadístico y cartográfico, a nivel centro escolar, urbano, municipal y estatal, de alta calidad como punto de partida para el análisis y modelación que resulte en información útil para la toma de decisiones.
- Personal altamente capacitado en materia de sistemas de información geográfica y geoestadística.
- Proyecto que permite a Quintana Roo estar a la vanguardia en la gestión y análisis de datos para una planeación estratégica de la educación.

Finalmente, se menciona que esta primera etapa del proyecto SIGE fue realizada por el Centro de Información Geográfica (CIG) de la División de Ciencias e Ingeniería de la Universidad de Quintana Roo (www.uqroo.mx).

El mantenimiento y expansión de un proyecto SIG es fundamental no sólo desde la parte informática, sino también en la parte conceptual, en las bases de datos, en incrementar las habilidades del personal a través de capacitación continua, entre otros aspectos. El Sistema de Información Geográfica Educativo (SIGE) por su importancia al interior de la SEyC, ha continuado en desarrollo de una forma independiente, es decir, sin la participación de una institución académica sobre la que se sustentará la realización de muchos procesos.

Hoy día, la Secretaría de Educación y Cultura del estado de Quintana Roo continúa el desarrollo del proyecto SIGE con resultados más avanzados que los generados por el proyecto GEOSEP de carácter nacional. Los resultados generados hasta hoy y su inscripción en las tomas de decisión aseguran un papel preponderante en la resolución de problemas educativos con carácter territorial.

EJEMPLO DE UN SERVIDOR DE DATOS GEOESPACIALES PARA LA TOMA DE DECISIONES TERRITORIALES

Uno de los desarrollos que el personal de la SEyC ha realizado con base en el proyecto SIGE y que destaca sobre manera por el seguimiento de la visión de ponderar los elementos de datos, personal y procedimientos sobre hardware y *software*, es sin duda el diseño y creación de un servidor cartográfico (figura 42).

Figura 42. El servidor cartográfico del SIGE tiene como referencia la cartografía topográfica vectorial a escala 1:250,000 del estado de Quintana Roo. En todo momento, se pueden consultar los atributos descriptivos de cada una de las capas que conforman este nivel de desagregación territorial.

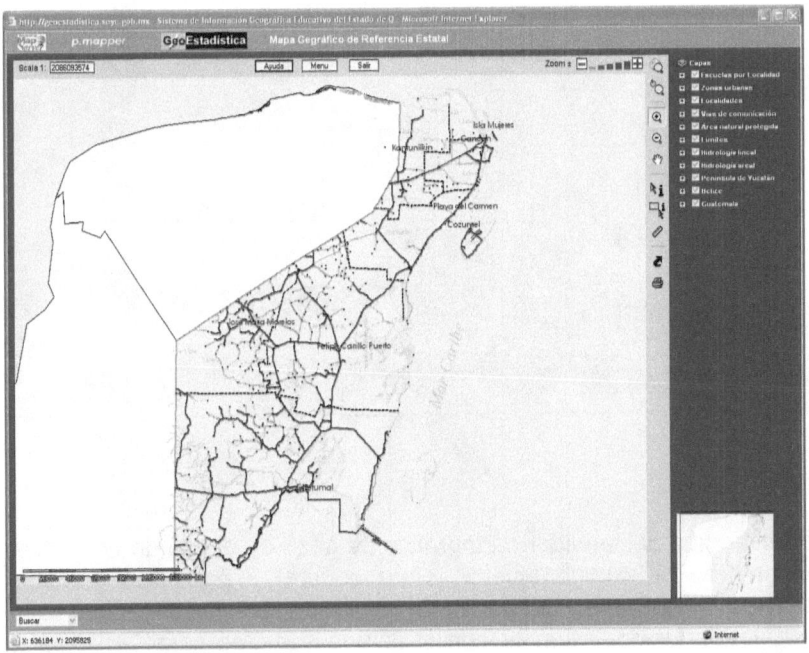

Fuente: Servidor cartográfico del proyecto SIGE (http://sige.seyc.gob.mx/sige2007).

Publicar los bancos de datos del SIGE en Internet permite ofrecer a un rango muy amplio de usuarios, los datos y mecanismos necesarios para responder a muchas preguntas, entre las que se pueden mencionar: ¿dónde está la escuela Benito Juárez en la Cd. de Cancún y cuántos alumnos tiene?, ¿cuál es el nivel educativo de esta escuela?, ¿qué poblaciones en el medio rural tienen escuelas?, ¿por dónde se puede llegar a estas escuelas?, ¿qué infraestructura física tienen?, ¿a qué municipio pertenece la escuela X?, ¿a qué distancia se encuentra una escuela de otra?. Si bien algunas de estas preguntas pueden ser muy sencillas, implican la resolución a un abanico muy amplio de problemas territoriales (figura 43).

Figura 43. El servidor cartográfico permite mostrar cuales son las localidades que cuentan con determinados tipos de servicios educativos.

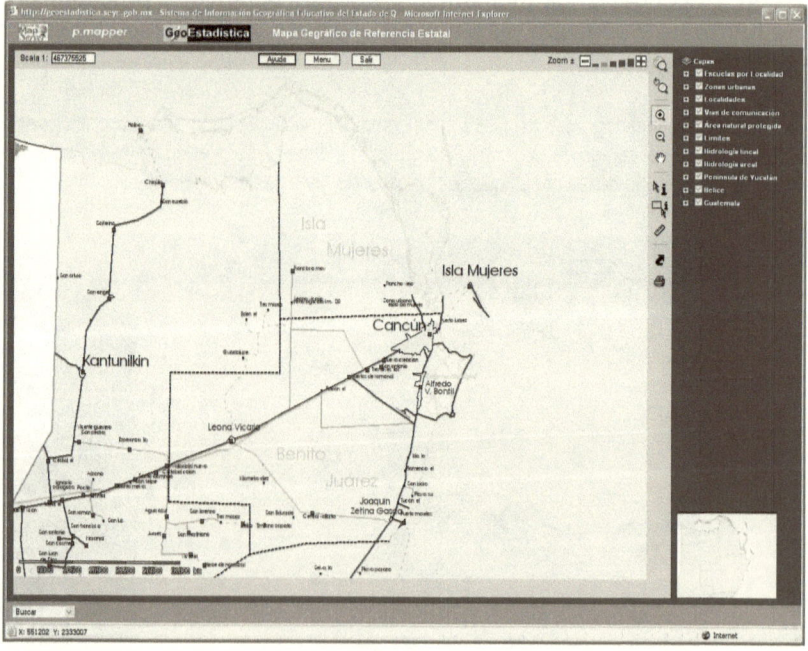

Fuente: Idem.

La generación del servidor cartográfico se basó en el uso de un programa de cómputo de código abierto (*open source*) y por tanto gratuito. El programa Map Server, desarrollado por la Universidad de Minnesota de los Estados Unidos, cumple con toda una serie de características para cubrir los requerimientos de la SEyC en esta primera etapa. El resultado es un servidor cartográfico con una serie de opciones para mostrar datos cartográficos y estadísticos relativos a la infraestructura escolar a diferentes niveles de desagregación territorial, que van desde el estatal hasta el nivel urbano que muestra la ubicación de cada centro escolar (figura 44). Se enriquece el proyecto con la cartografía de referencia estatal y urbana del SIGE. El servidor, en esencia, brinda los datos requeridos para planear la estrategia que responda a satisfacer los requerimientos de los ciclos escolares, considerando relaciones entre distintos elementos geográficos.

Figura 44. El servidor cartográfico detalla para las 21 localidades urbanas del estado de Quintana Roo la ubicación de todos los centros escolares, desde nivel preescolar hasta nivel superior.

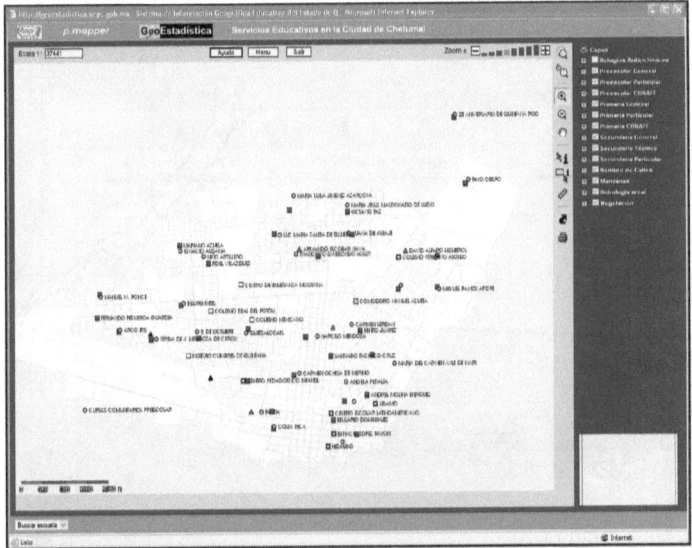

Fuente: Idem.

Es importante mencionar que el servidor cartográfico cumple con una serie de características que facilitan sobremanera la visualización de las diferentes capas de datos. La consulta de los atributos asociados es también otra parte importante para seguir en esta línea de manejo de datos geoespaciales (figuras 45 y 46).

Figura 45. El servidor cartográfico muestra tanto la ubicación geográfica de los centros escolares como toda una serie de datos descriptivos. El usuario, por ejemplo, puede saber, para una escuela primaria, cuántos alumnos hay por cada nivel y año escolar

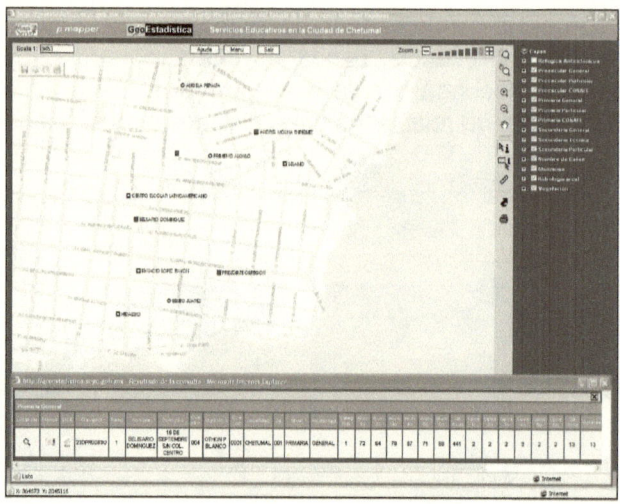

Fuente: Idem.

Figura 46. El servidor muestra los planos de construcción de cada centro escolar interactuando directamente con el dibujo CAD.

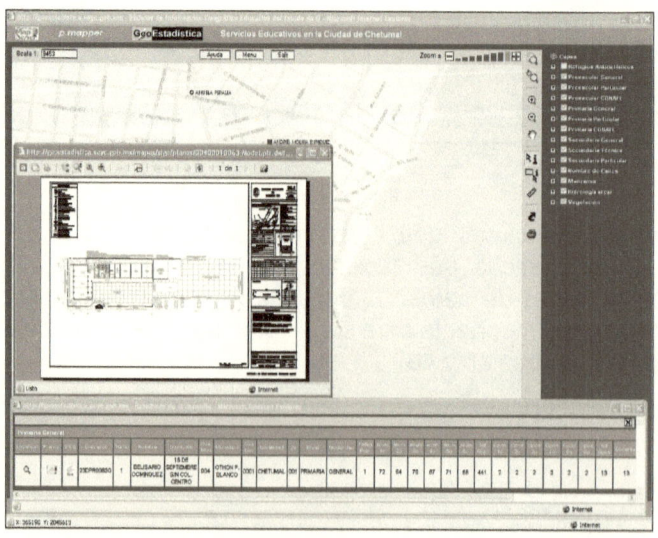

Fuente: Idem.

El poner a disposición este servidor cartográfico (http://sige.seyc.gob.mx/sige2007/) permite llegar a tomar decisiones que en antaño no eran posibles. Si llega, por ejemplo, a presentarse una inundación por acumulación pluvial en el centro-occidente de Quintana Roo, otras dependencias de gobierno pueden tomar los datos de primera mano como las escuelas que pueden servir como refugios, así como determinar el número de alumnos que han quedado temporalmente sin clases. En suma, el SIGE, hoy día, representa un instrumento de coyuntura para tomar decisiones desde una perspectiva te-rritorial de forma eficaz.

CÓMO HACER UN PROYECTO DE
SISTEMAS DE INFORMACIÓN GEOGRÁFICA.
EL PROYECTO SIDRET

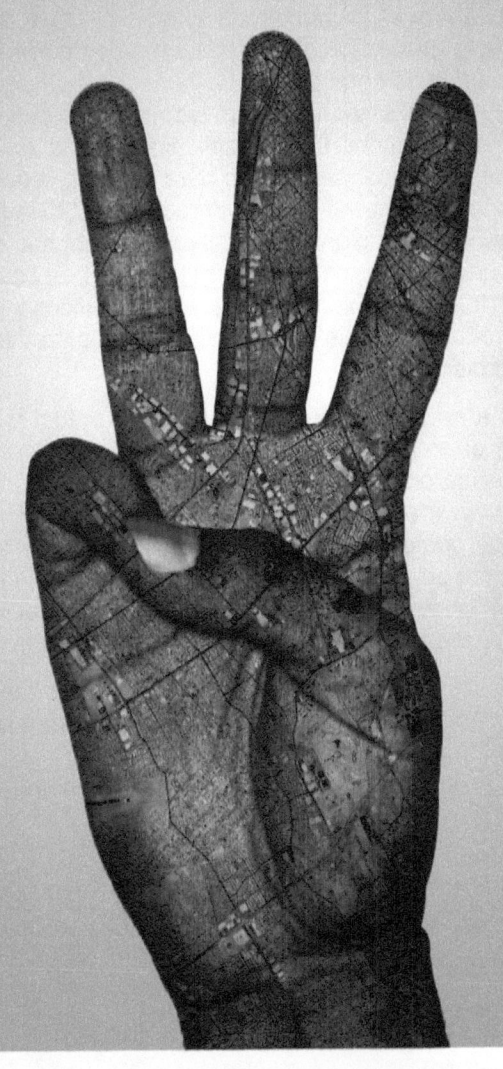

Sistema de Información para el Desarrollo Regional de Tlaxcala (SIDRET). SIG como Motor para la Producción de Información que Apoye tomas de Decisión Territoriales

A nivel nacional, el empleo de la tecnología de sistemas de información geográfica se caracteriza por un comportamiento muy heterogéneo. Por un lado, existen estados en el centro del país y en otras regiones, con un alto desarrollo económico y social que cuentan además, con instituciones educativas que ofertan estudios, directa o indirectamente, relacionados con la aplicación de tecnología SIG. Estas regiones cuentan con una gran variedad de empresas que se dedican al desarrollo de proyectos SIG, GPS y de PR, así como a la venta de bancos de datos geoespaciales y soluciones informáticas. Es por esta razón que cada vez, y con mayor frecuencia, parte del personal que labora en los gobiernos estatales y municipales, conoce de la importancia de la geotecnología para la toma de decisiones y en función de la voluntad política de cada dependencia se tiene un determinado grado de desarrollo SIG a nivel estado. Por otro lado, se tiene que en las entidades con menor desarrollo económico la aplicación de la tecnología SIG es prácticamente desconocida y el camino para su adopción e inserción en la toma de decisiones es aún muy largo por recorrer. El estado de Tlaxcala, a pesar de pertenecer a la región centro del país, no cuenta, en la actualidad, con desarrollos geotecnológicos que permitan servir de base para impulsar un análisis y modelación eficiente de datos cartográficos y estadísticos que favorezcan la producción de información confiable para diferentes tipos de tomadores de decisiones.

Para tener una idea clara y precisa del estado actual y de los factores que determinan el empleo de la tecnología SIG en Tlaxcala, Sánchez e Iturbe (2004) realizaron un trabajo de investigación denominado *Factores que determinan la adopción de tecnología SIG en la toma de decisión geoespacial en el gobierno estatal y municipal de Tlaxcala, México*.[1] Este proyecto tuvo como objetivo identificar cuáles son los factores que dificultan hoy día la adopción de la tecnología SIG en la administración pública, para lo cual se realizaron una serie de actividades que incluyeron:

1. La selección de 30 instituciones públicas a nivel estatal y municipal.
2. El diseño y aplicación de un cuestionario para determinar el estado actual de la toma de decisiones de tipo territorial.
3. El diseño y aplicación de un cuestionario para valorar el impacto y los

---

1 Este proyecto forma parte de las actividades de investigación del Centro de Análisis Territorial (CAT) de El Colegio de Tlaxcala A.C., y para el desarrollo de este proyecto se cuenta con apoyo de la empresa Intergraph (www.intergraph.com). El CAT es un laboratorio de investigación registrado por esta compañía (ver http://synergy.intergraph.com/orl/member.asp?track=401444).

problemas presentes en la adopción y desarrollo de tecnología SIG para la toma de decisiones.

4. La difusión del conocimiento e importancia de los SIG a través del diseño y creación de un CD con bases de datos geoespaciales del medio físico-geográfico y socioeconómico del estado de Tlaxcala, a diversas escalas y un programa de cómputo gratuito (Geomedia Viewer) con altas capacidades para la visua-lización, consulta y análisis. Se incluye también, una estrategia de capacitación que permita al personal de las dependencias de gobierno iniciarse en el uso de la tecnología SIG.

5. Se realizaron documentos con conclusiones y recomendaciones.

Entre algunos de los resultados generados se tiene que 25 de las 30 dependencias encuestadas (83%) del gobierno estatal y municipal sujetas a estudio, no cuentan con un área de sistemas de información geográfica. Los factores que se atribuyen para la no existencia de un área SIG son el no contar con los recursos económicos, desconocer el uso de la tecnología SIG, presentar al interior de la institución problemas socio-organizativos, falta de recursos humanos capacitados, así como la carencia de programas de cómputo SIG.

Es importante destacar que, en el contexto de la toma de decisiones, muchas instancias de gobierno tienen problemas tan elementales como la conceptualización global de la administración territorial que deben realizar; es decir, existen instancias de gobierno que dentro de sus responsabilidades, por ejemplo, está la seguridad pública y no cuentan con la ubicación geográfica de todas y cada una de sus instalaciones, personal y unidades móviles de vigilancia, carecen de mapas digitales o impresos a escalas detalladas de las vías de comunicación terrestre para la realización de rutas óptimas y llegar en el menor tiempo posible, o bien tener la posibilidad de ubicar históricamente los delitos en el territorio. Por ello, lejos de un análisis del fenómeno inseguridad desde una perspectiva territorial, que favorecería acciones concretas para la reducción de la misma, el quehacer cotidiano resulta más administrativo y bajo un carácter reactivo más que preventivo.

Un resultado preocupante encontrado en este estudio es que ninguna dependencia cuenta con un presupuesto definido para desarrollar u operar un área o proyecto de sistemas de información geográfica. Esto se traduce en que en aquellas áreas que realizan actividades SIG, el empleo de la tecnología se da por la necesidad de algunos proyectos que así lo requieren y, al final, el personal contratado deja, en la mayoría de las ocasiones, de laborar en la institución que lo contrató. Esto significa entre otras cosas que el empleo de los SIG es más por la cumplimentación de requisitos de una actividad en particular, que por el empleo de los sistemas de información geográfica como un instrumento de uso cotidiano para la realización de análisis que produzcan información para la toma de decisiones.

Por otro lado, el 94% de las dependencias entrevistadas (28) mencionaron que estarían dispuestas a apoyar una iniciativa de desarrollo de un área de sistemas de información geográfica por considerar a esta herramienta de gran utilidad. Sin embargo, estas respuestas provienen de personal en un nivel técnico y no inmerso en la toma de decisiones a nivel directivo o político.

A pesar de la facilidad que en algunos casos representa el adoptar tecnología de sistemas de información para disminuir tiempos y costos en la realización de procesos, así como tener la oportunidad de aplicar rutinas de manejo y análisis, se tiene que 60% de las dependencias entrevistadas realizan en forma manual estas tareas. Con base en lo anterior, es evidente que en Tlaxcala existe un atraso importante en la valoración de tecnologías que redunden en beneficios importantes para la toma de decisiones en el sector público. Sin embargo, vale la pena hacer una comparación: una cadena de farmacias locales, ya ha adquirido e implementado tecnología que permite registrar la mercancía adquirida, así como los productos que se han vendido; esto se traduce en una facilidad y rapidez impresionante para determinar el estado del almacén, solicitar pedidos de una forma precisa, analizar qué productos tienen una mayor demanda por época del año y, en general, tener la capacidad de tomar diferentes tipos de decisiones en forma precisa.

Para el caso de la seguridad pública, resulta fundamental que los datos que provee un denunciante sean integrados a un sistema de información (preferiblemente de tipo geográfica), de lo contrario, no se dispondría en forma efectiva y rápida de un banco de datos que analizados históricamente, permitieran establecer cómo ha sido el comportamiento delictivo y cuáles serían las medidas concretas a realizar en el territorio, por lo que debido a esa inexistencia de información precisa, oportuna y confiable, se tiene un estado de respuesta muy limitado y con problemas para frenar la delincuencia y disminuir los índices de inseguridad.

Así, con la finalidad de favorecer la adopción de la tecnología de sistemas de información geográfica en distintos ámbitos de los sectores gubernamental, privado e incluso académico, y con ello tener la posibilidad de tomar mejores decisiones por estar soportadas en bancos de datos geoespaciales, procedimientos explícitamente definidos y personal capacitado, El Colegio de Tlaxcala A.C., ha tomado la iniciativa de crear el Centro de Análisis Territorial (CAT) que tiene como objetivo realizar el análisis de datos cartográficos y estadísticos para coadyuvar a la solución de problemas territoriales.

Dentro de las estrategias del CAT para favorecer este proceso de adopción de los SIG se encuentran los ejercicios de formación continua para profesionistas relacionados con el manejo y análisis de datos geoespaciales a través de programas a nivel maestría y doctorado, así como diplomados;

realizar de forma continua bancos de datos geográficos digitales estratégicos; realizar proyectos de aplicación de conocimiento geotecnológico y publicar diversos tipos de materiales relacionados con los sistemas de información geográfica, percepción remota y sistemas de posicionamiento global aplicados a la resolución de problemas geográficos.

Uno de los primeros pasos para impulsar tal estrategia es el desarrollo del proyecto "Sistema de Información para el Desarrollo Regional de Tlaxcala (SIDRET)". Este proyecto, cuenta con el apoyo del Consejo Nacional de Ciencia y Tecnología y el Gobierno del estado de Tlaxcala a través del concepto de Fondos Mixtos, como lo señala la convocatoria 2002-01. SIDRET, concebido como un proyecto SIG, demanda una adecuada planeación a fin de garantizar la generación de resultados exitosos. Con la finalidad de brindar un material de referencia con relación al desarrollo de proyectos SIG, se detalla a continuación la planeación del SIDRET.

PLANEACIÓN DEL SIDRET[2]

El desarrollo de todo proyecto de sistemas de información geográfica debe estar basado en un trabajo de planeación. Sin la existencia de un documento que describa con detalle todos y cada uno de los elementos de entrada, proceso, salida y aquellos recursos necesarios para realizar las actividades que deriven finalmente en productos de información, se tienen altas probabilidades de tener resultados poco satisfactorios.

En la mayoría de los casos, la etapa de planeación de un proyecto SIG se considera irrelevante y los costos asociados pueden parecer innecesarios; sin embargo, la planeación es tan importante y necesaria que si es bien desarrollada, garantiza el éxito de un proyecto geotecnológico. Una analogía que permite concebir la importancia de la planeación del proyecto SIG, es que en el proceso de construcción de una casa, antes de poner cualquier piedra o varilla, es necesario tener el plano de construcción; es decir, sin la planeación específica de la casa no se puede tener un idea clara del resultado final entre ellos la satisfacción de todos los requerimientos del usuario, así como evaluar que la construcción sea acorde al diseño originalmente planteado.

Un proyecto SIG no es algo sencillo de llevar a cabo, sobre todo si se considera que intervienen muchos elementos (bases de datos, personal, *hardware*, *software* y procedimientos) que deben estar integrados de forma adecuada para generar los resultados deseados. Además, está la parte

---

2 La planeación del Sistema de Información para el Desarrollo Regional de Tlaxcala está ampliamente basada en la metodología expuesta por Tomlinson, 2003.

socio-organizativa y de contexto político, que determinan si el proyecto procede o no. Se puede afirmar que en la mayoría de las ocasiones un proyecto SIG depende más de la voluntad y visión política que de las necesidades actuales de ostentar una herramienta que coadyuve a la producción de información y conocimiento.

Uno de los retos en la planeación de un SIG es la identificación de los productos de información o bien, los resultados tangibles que deberá producir el proyecto; sin embargo, en la mayoría de las veces, estos tienen su origen en los niveles gerenciales y directivos de una organización, y difícilmente se transmiten a los niveles técnicos. Con frecuencia se observa que las organizaciones, sobre todo gubernamentales, carecen de la documentación que describe con detalle las actividades y productos que deben de generar en su quehacer cotidiano de administración pública.

La definición de los productos de información a generar con el proyecto SIG resulta crucial y es en gran medida la esencia del éxito del proyecto. Sin una definición clara, precisa y acorde a los planteamientos metodológicos existentes (*Ibid*), se corre el riesgo de identificar en forma inadecuada los datos estadísticos y cartográficos requeridos, el personal y/o la capacitación requerida, así como el entorno informático necesario.

Es claro que existen diferentes tipos de proyectos SIG en función de la forma en cómo se realizan procesos de manejo y análisis de datos geoespaciales y lo que representa para una organización. De esta manera, los alcances de un proyecto SIG pueden ser:

a. **Proyectos de propósito específico.** Generalmente, hacen referencia a aquellos casos en los que la tecnología SIG es aplicada para generar un producto en particular al interior de un departamento o de una organización. Por ejemplo, si El Colegio de Tlaxcala desea crear un producto de información para apoyar una decisión gubernamental de cuál es el mejor sitio para construir una instalación fabril, un SIG debe ser diseñado y creado para tal fin. En ocasiones, su periodo de vida es efímero dado que al concluir los resultados el proyecto concluye. Un alto porcentaje de proyectos SIG son de esta naturaleza.

b. **Proyectos a nivel departamental.** El impacto del proyecto se reflejará en la totalidad del departamento de una organización. El SIG llega a formar parte de las actividades cotidianas para el funcionamiento y cumplimentación de los objetivos de un departamento. Por ejemplo, una Dirección de Catastro en un municipio puede tener un proyecto SIG para proveer de resultados que favorezcan la recaudación predial o bien, productos de información que sean la base para gestionar un incremento en las tarifas catastrales.

c. **Proyectos corporativos.** En este caso, el proyecto SIG se constituye como la base para cumplir con muchos de los objetivos y necesidades de toda una organización. Se inscriben de forma íntegra en la estrategia de negocios o en el marco de actividades para coadyuvar a cumplir la visión y misión. Este tipo de proyectos contempla la integración de varios subproyectos SIG a nivel departamental, el flujo de los datos es complejo por provenir de diversas áreas tanto internas como externas, así como requerir un complicado desarrollo de sistemas informáticos que permitan efectuar procesos transaccionales considerando decenas, e incluso centenares, de usuarios con niveles diversos de uso de los bancos de datos geoespaciales. Éste es el típico ejemplo de un proyecto SIG a nivel estatal o municipal, donde toda las áreas (Dirección de Catastro, Dirección de Ecología, Dire-cción de Planeación Urbana, Dirección de Seguridad, por citar alg) se encuentran vinculadas, comparten datos en tiempo real, se generan decisiones considerando resultados y procedimientos de todas las áreas y, finalmente, el SIG es la base para las tomas de decisión a nivel corporativo.

La planeación del SIDRET inició con la respuesta a algunas preguntas, mismas que se citan a continuación:

¿Quién debe planear el SIDRET? Idealmente, la planeación debe ser llevada a cabo por el Líder de Proyecto SIG, quien es una persona que debe tener amplia experiencia en el diseño y puesta a punto de proyectos geotecnológicos. Entre otras cualidades, está la facilidad para transferir conocimientos teóricos y prácticos de las geotecnologías, así como plasmar de forma puntual las aplicaciones y utilidad de la tecnología en la resolución de problemas territoriales. Desde que muchas de las organizaciones -incluyendo a El Colegio de Tlaxcala A.C.- no cuentan con perfiles de esta naturaleza, se hace necesaria la contratación de especialistas, en la mayoría de los casos en categoría de consultores, para efectuar esta tarea de planeación.

Es importante destacar que la planeación del SIG al interior de una organización debe contar con una contraparte; de tal forma que la planeación sea realizada tanto por un especialista en SIG como por un especialista que conozca la organización, que sepa cómo funciona y lo que el SIG debe generar. En este sentido, es claro que el personal que debe realizar la planeación por parte de El Colegio de Tlaxcala A. C. debe tener una estabilidad laboral para que el proyecto no pierda continuidad y, al final, esta persona sea el líder del proyecto.

La siguiente ficha responde a la pregunta de quién planeó el SIDRET:

Especialista SIG (investigador invitado)	Responsable del SIG al interior de El Colegio de Tlaxcala, A.C.
M. en SIG Antonio Iturbe Posadas. Especialista en proyectos geotecnológicos con diez años de experiencia.	Dra. en Geografía Lourdes Sánchez Gómez. Investigadora y Directora de el Centro de Análisis Territorial (CAT)

Qué planear del SIDRET? La planeación del SIDRET incluye todos los elementos requeridos para generar productos de información, que son el principal resultado del proyecto; esta planeación incluyó seis aspectos que son:

Productos de información. Son las salidas deseadas del proyecto SIDRET. Estas salidas son en forma de mapas, reportes, gráficas, listas o la combinación de estos elementos. Identificados con claridad estos productos, determinar los elementos que debe tener el Sistema de Información Geográfica. Es importante destacar que SIDRET está inicialmente concebido como un motor para la generación de muchos tipos de productos de información en virtud de los requerimientos específicos de los usuarios o solicitantes de los mismos. Por ello, será una pieza clave definir la forma en cómo se deberán solicitar los productos de información considerando los contenidos de la base de datos del SIDRET.

Datos. Definidos los productos de información principales y los que potencialmente SIDRET podrá producir, se generó una idea detallada de cuáles serían los datos cartográficos y estadísticos requeridos, así como todas y cada una de sus características (escala, sistemas de proyección y de referencia geodésica, calidad, entre otras).

Programas de cómputo. Es todo lo referente a los programas de cómputo que permiten realizar procesos de manejo, análisis y modelación de datos geoespaciales, así como la generación y publicación de los productos de información. Es claro que si se saben los detalles de las salidas finales se conocerá cuál es la mejor solución informática. El resultado final es el esquema de los diferentes programas de cómputo requeridos para producir los productos de información.

Equipo de cómputo. La arquitectura del equipo de cómputo será adecuadamente definida. Los equipos existentes y los requeridos serán listados con detalle, así como las características que debe tener el sistema de red para posibilitar la comunicación entre los diferentes usuarios y las bases de datos. Esto también incluye los periféricos de salida que permitirán generar de forma tangible (analógica o digitalmente) los productos de información.

Procedimientos. Son fundamentales toda vez que garantizan cómo realizar aquellos productos y procesos que garanticen la continuidad de la producción y de la calidad de los resultados. Los procedimientos son, en esencia, los pasos que debe realizar la gente en sus actividades cotidianas en el marco del SIDRET.

Personal. Todo proyecto de SIG demanda personal adecuadamente capacitado para realizar las diversas tareas que conlleva la generación de los productos de información. Esta parte de la planeación implica definir con precisión que personal es requerido y/o en su caso, la capacitación que es requerida.

¿Cuándo planear el SIDRET? Desde su etapa inicial. Es claro que la planeación de cualquier proyecto SIG no es funcional en el transcurso del proyecto o al final. La planeación, en su concepción misma, establece que debe ser hecha antes de dar cualquier paso. Sin embargo, las organizaciones por razones políticas e incluso por la cultura socio-organizativa, no consideran a la planeación como algo estratégico y que garantice el éxito de un proyecto. Ante estas circunstancias, se debe tomar un objetivo o producto en particular y desarrollarlo al principio del proyecto como un medio para demostrar las potencialidades del SIG y su contribución para cumplimentar los requerimientos del usuario y de la organización. Una parte del SIDRET será realizada desde el inicio, sobre todo en lo referente a la construcción de la base de datos y personal capacitado, elementos que serán pilares en el contexto general del proyecto.

¿Dónde planear el SIDRET? La planeación de un proyecto SIG debe, en la medida de lo posible realizarse fuera de las oficinas donde estará trabajando el proyecto. Esto obedece a que la planeación requiere la consulta de materiales bibliográficos especializados, visitar proyectos similares en otros lugares para tomar ideas de referencia y analizar las experiencias adquiridas. También, resulta muy importante dedicar el tiempo requerido que en ocasiones no es posible en el sitio de trabajo porque se deben atender las labores cotidianas. En suma, fue recomendable hacer la planeación del SIDRET fuera del contexto del trabajo para tener más tiempo y espacios de reflexión para generar los resultados esperados.

¿Porqué planear el SIDRET? Como se mencionó antes, una buena planeación conlleva al éxito de un proyecto SIG. Es común que proyectos con resultados parciales o de mala calidad carecen de la respectiva etapa de planeación. Sin la planeación adecuada ¿qué puede resultar al final?

La planeación de un proyecto SIG debe considerar una serie de etapas, mismas que se describen a continuación:

1) Consideración del propósito estratégico. Esta etapa de la planeación da una idea del contexto de desarrollo del proyecto SIG con énfasis en el propósito de la organización, la misión, la visión y los objetivos de la misma. Esto permite dar un valor justo al sistema de información geográfica sobre todo cuando se trata de desarrollos SIG en ámbitos municipales e incluso estatales, donde con frecuencia un proyecto de esta naturaleza suele tener un valor similar a un sistema administrativo o contable y en muchas ocasiones, el proyecto SIG es mucho más que eso, porque se constituye como la fuente de información para la administración territorial. Entonces, como resultado de esta etapa, se tiene una definición de cómo el SIG deberá impactar la estrategia de negocios y de toma de decisión en una organización.

2) Planear la planeación. Si la planeación de un proyecto resulta difícil todavía más lo es planear la planeación. Las exigencias de las organizaciones para tener sistemas de información geográfica hacen que en la mayoría de las ocasiones se inicie de atrás hacia delante con todos los problemas que ello conlleva. La compra de *hardware* y *software* es considerado como lo más importante, dejando en último sitio los datos, la capacitación del personal y la definición de procedimientos. No existe una descripción detallada de cada uno de los elementos que conformarán el SIG además de que generalmente, la planeación es considerada como pérdida de tiempo y costos innecesarios. Muchos proyectos SIG adolecen de la respectiva planeación y no es posible evaluar la eficacia del proyecto; también es importante señalar que la planeación de un proyecto SIG demanda tiempo y dinero, por lo que debe existir conciencia de las implicaciones de la planeación. Planear la planeación demanda el apoyo de directivos y un compromiso para que las actividades requeridas sean bien efectuadas.

3) Realización de seminarios tecnológicos. El desconocimiento de la tecnología SIG es un común denominador en los diferentes sectores de aplicación, principalmente en ayuntamientos y secretarías de estado. Seminarios que muestren ejemplos relacionados con el quehacer de la organización resultan esenciales tanto para lograr una sensibilización a la importancia de la herramienta SIG, como para iniciar el proceso de recopilación de actividades requeridas y productos de información que el proyecto SIG deberá generar. El equipo responsable del proyecto SIG debe estar ya definido y con frecuencia es recomendable la invitación de expertos en la materia para estar en la posibilidad de responder preguntas complejas y mostrar lo que sería un escenario ideal del SIG para la organización.

4) Descripción de los productos de información. Es quizá la parte más importante de la planeación del proyecto SIG. Si se sabe con precisión que es lo que el sistema de información geográfica debe generar, se está garantizando que todas las acciones estén encaminadas a ello. La complejidad de esta etapa estriba en que se tienen que definir cuáles son los datos cartográficos y estadísticos requeridos, los flujos que deben tener en la organización, la frecuencia de actualización, escalas, el error permisible, los procesos de manejo, análisis y modelación SIG para crear los productos de información.

5) Definición de los alcances del sistema. Una vez definidos los productos de información, se procede al diseño del sistema en su totalidad. Esto incluye el cómo serán adquiridos los datos, los volúmenes de información que se van a trabajar, identificar el número de datos que son necesarios, que *hardware* y *software* es requerido, el costo de los datos, entre otros aspectos. En esta etapa, también se incluye un aproximado de los tiempos para la generación de los productos de información.

6) Diseño de la base de datos. El banco de datos de un proyecto SIG es lo más importante, tanto por razones de costos, como al tiempo que conlleva su creación y las implicaciones en los resultados a generar.

7) Selección de un modelo de datos lógico. La modelación de la realidad geográfica a través de un sistema de información geográfica demanda la definición precisa de cómo los datos deberán ser estructurados digitalmente. La selección de un modelo de datos relacional o modelo orientado a objetos deberá ser estudiado con precisión, sobre todo, por la dife-rencia que implica en los costos de una u otra alternativa. Elementos tales como la precisión de los datos, requerimientos de actualización, cantidad y duración de transacciones, estándares de los datos, entre otros, deben ser tomados en consideración.

8) Determinación de los requerimientos del sistema. Diseños de interfaces, comunicaciones, configuraciones de *hardware* y *software* son descritas en forma detallada en esta etapa. Hasta este punto es cuando deben ser evaluados los diferentes tipos de soluciones informáticas y equipos de cómputo requeridos para determinar la mejor solución. Al mismo tiempo, revisando los productos de información, se definen las funciones necesarias para su creación.

9) Costo-beneficio, migración y análisis de riesgo. Determinar qué tan costosa es la creación de un sistema de información geográfica y los beneficios reales que tendría para la organización resulta importante; principalmente para que el cuerpo de directivos pueda justificar y en su caso conseguir los recursos económicos para ello. Además, resulta crucial definir la migración que en un contexto amplio abarca elementos legales, vínculos con otras instituciones, medidas de seguridad, personal requerido, capaci-tación necesaria, entre otros.

10) Plan de implantación. Como resultado final en la planeación del proyecto SIG, el plan de implantación debe comprender una síntesis de las etapas anteriores, recomendaciones para la implantación, la calendarización para la creación de los productos de información y los esquemas de financiamiento. Es, en esencia, un documento que contiene las respuestas a cualquier pregunta sobre la puesta en marcha del proyecto de sistemas de información geográfica.

Los elementos señalados fueron tomados en consideración para la creación del proyecto SIDRET. Es importante reconocer que esta metodología propuesta por Tomlinson (2003) corresponde a proyectos donde la necesidad de un proyecto SIG está definida. El carácter de SIDRET es diferente por ser un proyecto académico y donde –al menos para el estado de Tlaxcalaes aún incipiente la cultura geoespacial y no se tienedefinida la necesidad de productos de información clara y precisa.

A continuación, se presentan los elementos más importantes que definen el contexto de SIDRET y los resultados relevantes que lo caracterizan.

Marco conceptual para el desarrollo del proyecto SIDRET

El estado de Tlaxcala se caracteriza por una serie de desequilibrios territoriales resultado, entre otras cosas, de un crecimiento diferenciado que favorece los ámbitos urbanos y sus regiones circunvecinas, en las que ampliamente se ha acentuado el desarrollo económico. Un factor importante que ha favorecido estas desigualdades socioeconómicas son los ritmos de crecimiento que se han registrado en esta entidad. Así, entre 1940 y 1950 se da en Tlaxcala el primer gran cambio demográfico importante al pasar de 224,063 habitantes en el primer año a 284,338 en el segundo, lo que representó un incremento porcentual de casi 27%. Para el año 2000 la población se acerca a 1 millón de habitantes cifra que representó cerca del 1% del total nacional y una tasa de crecimiento del orden de 2.37%, cifra que superó a la obtenida a nivel nacional en ese mismo año y que fue del 1.84%, por lo que la población se triplicó en menos de 50 años (INEGI, varios años; Sánchez y Pérez, 2004).

Para el caso de las zonas urbanas, se da, del mismo modo, un proceso dinámico e interesante, ya que mientras en 1970 se consideraban ciudades (población de más de 15,000 habitantes) solamente 3 localidades, se observa entre 1970 y 1980 un incremento del 100%, es decir, para la última fecha Tlaxcala contaba ya con 6 centros urbanos y para el año 2000 se tenían ya 10 localidades urbanas, existiendo cada 20 años un crecimiento poblacional aproximado del 50% (*Idem*).

El contexto rural de Tlaxcala presenta, por su parte, un comportamiento inverso, es decir, una disminución gradual y constante tanto de su población como en sus actividades primarias, por lo que entre 1980 y 1990 se observó una disminución de la población rural cercana al 20%.

De esta manera, tenemos que en 1970 existían en el estado de Tlaxcala 9 municipios urbanos y 35 rurales lo que en porcentajes representaban el 20.5 y el 79.5 por ciento respectivamente; estas cifras para el año 2000 presentan una drástica transformación al invertirse y duplicarse, ya que para ese año se tienen 18 municipios urbanos y 42 rurales, es decir, 30% de los municipios son considerados urbanos y 70% rurales. Al observar en los datos un aumento en el número de municipios rurales, pareciera existir una contradicción, sin embargo, no lo es debido a que en 1970 el estado contaba con 44 munici-pios, aumentando 16 más como consecuencia de la división territorial experimentada en el estado en 1995, lo que dio lugar a la actual división municipal (60 municipios); esto implicó una redistribución de la población por lo que al crearse un nuevo municipio, el total de la población disminuye invariablemente y lo más seguro es que en números absolutos la población sea considerada como rural y no propiamente un aumento de la ruralidad estatal.

Aunque los datos indican un activo proceso de urbanización en todas las localidades urbanas de Tlaxcala, se observan algunas singularidades que en la actualidad se encuentran en la mesa de debate, y esto es lo que se refiere al proceso de rurbanización, cuyos preceptos son la coexistencia de ambientes urbanos y rurales localizados en espacios periféricos a las ciudades.

La complejidad geográfica de Tlaxcala es relevante. A pesar de ser uno de los estados más pequeños del país cuenta con 962,646 habitantes, una administración político-administrativa conformada por 60 municipios, 10 localidades urbanas con más de 15,000 habitantes y una amplia gama de actividades económicas sustentadas en la agricultura, ganadería, industria, comercio, transportes y servicios.

Es claro que para lograr un crecimiento armónico y sustentable de Tlaxcala, con base en una política de desarrollo regional, es indispensable la realización de toda una serie de estudios, propuestas de solución eficaces a problemas geográficos y diversas tomas de decisión. Para ello, el empleo de la tecnología de los sistemas de información geográfica se constituye como un elemento clave, al proveer los mecanismos para la resolución de problemas territoriales. Esto gracias a la capacidad de análisis de datos cartográficos y estadísticos a través de una infraestructura informática (programas y equipo de cómputo) por personal adecuadamente capacitado y bajo la dirección de métodos explícitamente definidos (David Rhind en Díaz, 1992).

Para coadyuvar al desarrollo regional de Tlaxcala, se pretende que SIDRET sea un soporte para la realización de procesos oportunos y confiables de manejo, análisis y modelación de datos cartográficos y estadísticos. SIDRET está concebido como un instrumento que proveerá de datos e información altamente confiable en estructura y formato SIG para generar reportes y resultados a partir de los cuales se basen –en su quehacer diario- diversos tipos de tomas de decisión.

En la actualidad, las entidades gubernamentales a nivel estatal cuentan con incipientes desarrollos SIG; las bases de datos están altamente dispersas y no cuentan con estándares y su calidad es cuestionable. La dificultad para acceder y usar datos gubernamentales es un problema a resolver. A nivel municipal, el desarrollo SIG es prácticamente inexistente. Hay municipios que a pesar de tener una considerable cantidad de problemas territoriales por resolver no cuentan con herramientas geotecnológicas para poder generar propuestas de solución; en la mayoría de los casos, la adopción de estas tecnologías no figura en sus programas de trabajo.

En lo que respecta al ámbito académico y de investigación en el contexto de Tlaxcala, los sistemas de información geográfica no constituyen una línea de desarrollo constante y estratégica. Son muy pocos los ejemplos de aplicaciones de SIG, siendo el común denominador su empleo para abordar problemas locales y con alta especificidad. Por lo anterior, se tiene que las aportaciones esperadas del SIDRET para las esferas de los gobiernos estatal y municipal, el sector privado y, principalmente, para la docencia e investigación, sean significativas y de alto valor.

Las principales líneas temáticas que deberán desarrollarse para el SIDRET serán la socioeconómica, ambiental, político-electoral y educativa. Por el carácter propio de los SIG otros tipos de datos temáticos podrán, de la misma manera, ser incorporados, siguiendo las normas y estándares que serán adoptados por el SIDRET. Con la finalidad de lograr un amplio uso por diversos sectores, se considera estratégico que el SIDRET sea empleado en las diferentes líneas de investigación, extensión y divulgación de El Colegio de Tlaxcala. A través del Centro de Tecnología Virtual de este Colegio, se tendrá la capacidad de poner a disposición el SIDRET a los sectores público, social y privado como un medio para la consulta y análisis territorial, lo que favorecerá la realización de tomas de decisión eficaces y el fortalecimiento de la sociedad, toda vez que ésta tiene acceso a bancos de datos geoespaciales de forma asequible y con distintos niveles de especialización.

Líneas directrices del proyecto SIDRET

El SIDRET parte de un objetivo general el cual es diseñar e implantar un sistema de información geográfica que permita la generación de reportes y resultados cartográficos y estadísticos que sirvan de base para la toma de decisiones en materia de desarrollo regional. Lo anterior, contribuirá a la generación de acciones que disminuyan los desequilibrios territoriales y que alienten el desarrollo socioeconómico en el estado de Tlaxcala (figura 47).

El proyecto definió una serie de elementos estratégicos que se desarrollaron y articularon en pro de cumplir con el objetivo general del mismo; esta estructura es descrita a continuación:

A) Generación de una base de datos geoespacial estatal

SIDRET pretende ser un proyecto capaz de coadyuvar a la resolución de una gran diversidad de problemas territoriales relacionados con el desarrollo regional. Esto implica contar con una gran cantidad de datos con cobertura estatal, a diferentes escalas y temáticas. En una primera etapa SIDRET planteó la recopilación de los datos cartográficos y estadísticos existentes que deberán ser estructurados y conformados en una base de datos SIG.

Figura 47. Elementos que definen el desarrollo del proyecto SIDRET

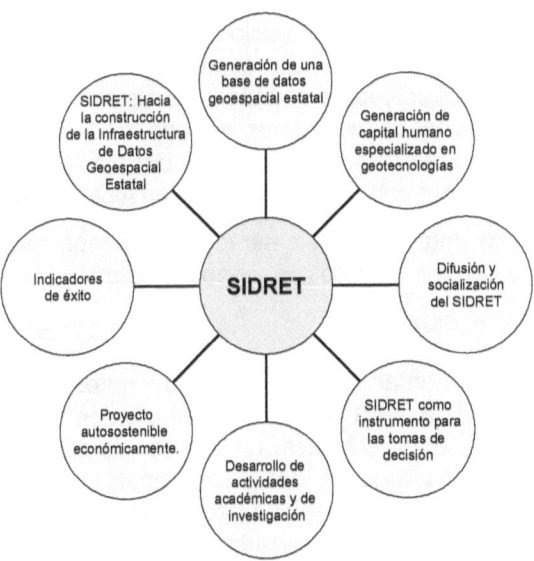

Fuente: Elaboración propia.

Uno de los primeros pasos en este proceso de recopilación fue diferenciar si son de tipo estadístico o cartográfico. Como estadístico, es todo aquel dato resultado de censos, conteos, muestreos y encuestas con relación a las temáticas inherentes al desarrollo regional; sólo fueron considerados aquellos datos que tengan una referencia espacial indirecta como es el caso de contar con un nivel de desagregación a nivel municipio, localidad, área geoestadística básica, colonia o manzana para que posteriormente se puedan representar y analizar en forma territorial.

En lo que respecta a datos cartográficos, fueron considerados todos aquellos que -de igual forma- estén relacionados con la temática de desarrollo regional y que presenten una serie de características tales que permitan su integración a un proyecto de sistemas de información geográfica, como el contar con un sistema de proyección y de referencia geodésica conocidos, tener la calidad (si son datos en papel) para realizar procesos de digitalización, conocer con detalle los datos referentes a fecha de creación, escala, fuente, entre otros.

Los datos estadísticos y, principalmente, los cartográficos, fueron elaborados bajo normas que aseguren resultados de calidad. Gran parte de los datos están construidos considerando diversos estándares para la creación de los mismos (INEGI, 1993; FGDC, 2000; Zeiler, 1999), lo que representa una mayor inversión de tiempo y dinero, con la seguridad de que en el futuro la calidad de los datos representará una mayor oportunidad de uso para una gama más amplia de usuarios. Es de destacar que existen bancos de datos geoespaciales, pero la falta de calidad de los mismos limita considerablemente su uso en diversas aplicaciones (Castillo e Iturbe, 2003). SIDRET pretende que las bases de datos geoespaciales desarrolladas cumplan las premisas de exactitud posicional, exactitud de atributos, consistencia lógica, completitud y linaje. La generación de metadatos es una parte importante en este lineamiento dado que permite en el futuro una búsqueda más efectiva de los datos, así como conocer con detalle las características de los mismos.

A continuación, se detallan los elementos y procesos realizados para la conformación de la base de datos geoespacial estatal:

1) Base de datos estadística

Con la finalidad de contar con un banco de datos que permita servir como punto de partida para tareas de análisis territorial en las líneas temáticas definidas, se deberá hacer un proceso de diseño, estructuración y conformación de una base de datos relacional. Los datos estadísticos deberán estar asociados a una unidad geográfica de referencia por lo que en todo momento podrán ser realizados procesos de mapeo y análisis geoestadísticos. El número de variables que han sido integradas al proyecto hasta mayo de 2006 suman alrededor de 8000.

Toda vez recopilados los datos, un proceso de reestructuración fue necesario. En la mayoría de las ocasiones, las bases de datos presentadas y/o publicadas por las instituciones gubernamentales federales y estatales se orientan más a una presentación que a una organización de los datos para realizar en forma inmediata tareas de análisis estadísticos o de análisis en sistemas de información geográfica (figura 48).

Figura 48. Ejemplo de conjunto de datos estadísticos original con énfasis en la presentación.

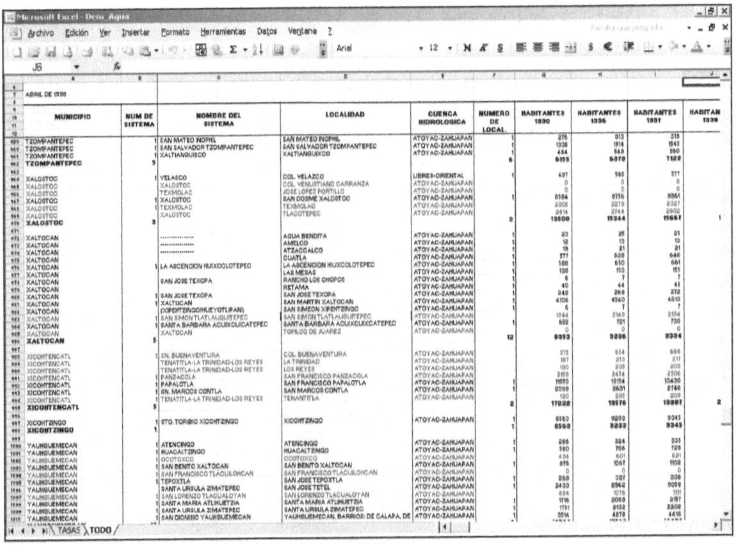

Fuente: Idem.

Entre las tareas que se realizaron para conformar la base de datos estadística se encuentran las siguientes:

Captura de los datos. Para asegurar que la calidad de los datos es adecuada en un proceso de captura o conversión de formato impreso (analógico) a digital se aplicó el método de doble captura y su posterior comparación. La probabilidad de que dos personas se equivoquen en la captura de dos registros es muy baja, premisa básica de este método. Las dos bases capturadas se comparan por medio de diversas utilidades en los programas para el manejo de bases de datos, que reconocen en forma inmediata donde no hay coincidencias (por tanto algún error de captura en una base de datos) y se procede a la correspondiente revisión y corrección en su caso.

Eliminación de espacios y líneas sobrantes. Es común que los datos tengan una cantidad considerable de líneas en blanco y espacios o identaciones para generar una cierta presentación. Para los datos recopilados en formato digital se eliminaron estos elementos, a manera de que en cada campo sólo exista un dato que puede ser de tipo numérico, carácter o de fecha, que son por lo general los más ampliamente utilizados.

Generación de catálogos. Para la mayoría de las tablas se tiene una considerable repetición de datos, como el caso del nombre del estado y nombre del municipio. Para evitar esta redundancia y facilitar en un momento dado la actualización de los mismos, se deberá generar un catálogo. Gracias a la teoría relacional presente en las bases de datos se tiene la posibilidad de tener una alta integridad de los datos y facilidades para su actualización a través de catálogos que pueden relacionarse o unirse posteriormente a otra tabla por medio de campos llave o campos en común (figura 49).

Figura 49. Catálogo de localidades empleado en el proyecto SIDRET

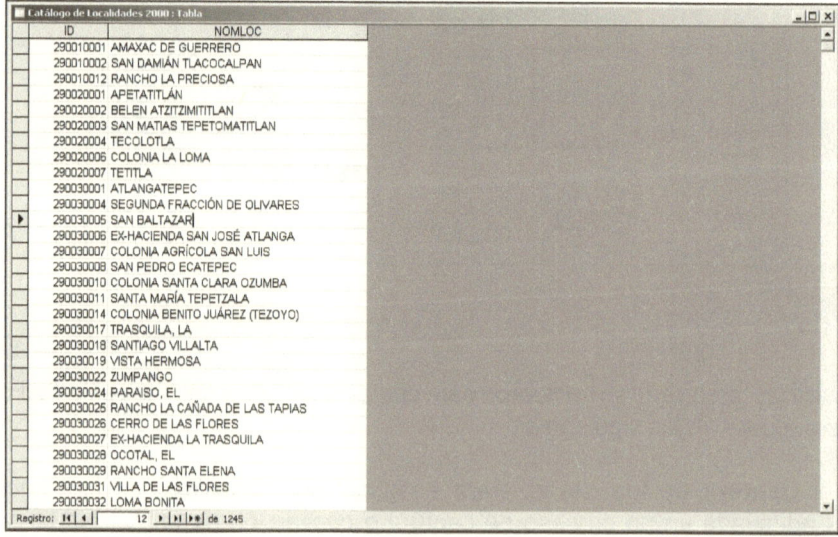

Fuente: Idem.

Tres catálogos fueron generados: el de municipios, localidades y áreas geoestadísticas básicas de tipo urbano. Es importante considerar que los catálogos a emplear en el SIDRET sean los oficiales, es decir, el nombre del municipio y la clave de los municipios son los definidos por el INEGI (figura 50).

Figura 50. Catálogo de municipios empleado en el proyecto SIDRET

ID	Municipio	Cabecera
29001	Amaxac de Guerrero	Amaxac de Guerrero
29002	Apetatitlán de Antonio Carvajal	Apetatitlán
29003	Atlangatepec	Atlangatepec
29004	Atltzayanca	Atltzayanca
29005	Apizaco	Apizaco
29006	Calpulalpan	Calpulalpan
29007	Carmen Tequexquitla, El	Tequixquitla
29008	Cuapiaxtla	Cuapiaxtla
29009	Cuaxomulco	Cuaxomulco
29010	Chiautempan	Chiautempan
29011	Muñoz de Domingo Arenas	Muñoz
29012	Españita	Españita
29013	Huamantla	Huamantla
29014	Hueyotlipan	Hueyotlipan
29015	Ixtacuixtla de Mariano Matamoros	Villa Mariano Matamoros
29016	Ixtenco	Ixtenco
29017	Mazatecochco de José María Morelos	Mazatecochco
29018	Contla de Juan Cuamatzi	Contla
29019	Tepetitla de Lardizábal	Tepetitla
29020	Sanctórum de Lázaro Cárdenas	Sanctórum
29021	Nanacamilpa de Mariano Arista	Ciudad de Nanacamilpa
29022	Acuamanala de Miguel Hidalgo	Acuamanala
29023	Nativitas	Nativitas
29024	Panotla	Panotla
29025	San Pablo del Monte	Villa Vicente Guerrero
29026	Santa Cruz Tlaxcala	Santa Cruz Tlaxcala
29027	Tenancingo	Tenancingo
29028	Teolocholco	Teolocholco
29029	Tepeyanco	Tepeyanco
29030	Terrenate	Terrenate
29031	Tetla de la Solidaridad	Tetla
29032	Tetlatlahuca	Tetlatlahuca
29033	Tlaxcala	Tlaxcala de Xicohténcatl
29034	Tlaxco	Tlaxco
29035	Tocatlán	Tocatlán
29036	Totolac	Totolac
29037	Zitlaltepec de Trinidad Sánchez Santos	Zitlaltepec
29038	Tzompantepec	Tzompantepec
29039	Xaloztoc	Xaloztoc
29040	Xaltocan	Xaltocan
29041	Papalotla de Xicohténcatl	Papalotla
29042	Xicohtzinco	Xicohtzinco
29043	Yauhquemecan	Yauhquemehcan
29044	Zacatelco	Zacatelco
29045	Benito Juárez	Benito Juárez
29046	Emiliano Zapata	Emiliano Zapata
29047	Lázaro Cárdenas	Lázaro Cárdenas
29048	Magdalena Tlaltelulco, La	Magdalena Tlaltelulco, La
29049	San Damián Texoloc	San Damián Texoloc
29050	San Francisco Tetlanohcan	San Francisco Tetlanohcan
29051	San Jerónimo Zacualpan	San Jerónimo Zacualpan
29052	San José Teacalco	San José Teacalco
29053	San Juan Huactzinco	San Juan Huactzinco
29054	San Lorenzo Axocomanitla	San Lorenzo Axocomanitla
29055	San Lucas Tecopilco	San Lucas Tecopilco
29056	Santa Ana Nopalucan	Santa Ana Nopalucan
29057	Santa Apolonia Teacalco	Santa Apolonia Teacalco
29058	Santa Catarina Ayometla	Santa Catarina Ayometla
29059	Santa Cruz Quilehtla	Santa Cruz Quilehtla
29060	Santa Isabel Xiloxoxtla	Santa Isabel Xiloxoxtla

Fuente: SIDRET con base en INEGI.

Importación a un sistema manejador de bases de datos. Para lograr un adecuado manejo, consulta y análisis de los datos estadísticos, así como su integración en programas de cómputo de sistemas de información geográfica y realizar procesos de mapeo temático, estos se importaron en un sistema manejador de bases de datos y se estructuraron con base en las premisas de la teoría de bases de datos relacionales. El programa de cómputo DBMS empleado en el SIDRET fue Microsoft Access®; las razones de esta selección son –entre otras cosas- el bajo costo de este programa, la facilidad de uso, versatilidad para la integración de los datos en proyectos SIG a través de la compartición de datos vía ODBC y, no menos importante, que varios programas de cómputo SIG (ArcGIS, Geomedia Professional) la emplean como medio de almacenamiento de *geodatabases* con lo cual se define un sistema manejador de bases de datos en común para el almacenamiento e integración de datos estadísticos y cartográficos. La figura 51 y 52 dan una idea de cómo quedaron estructurados los datos estadísticos en una tabla al interior de la base de datos.

Figura 51. Ejemplo de datos del Censo de Población y Vivienda por localidad al año 2000, integrada en la base de datos del proyecto SIDRET.

ID	NOMLOC	LPOC0001	LPOC0002	LPOC0003	LPOC0004	LPOC0005	LPOC0006
290010001	AMAXAC DE GUERRERO	7107	3465	3642	758	6291	1403
290010002	SAN DAMIAN TLACOCALPAN	667	286	281	58	508	120
290010012	RANCHO LA PRECIOSA	5	-9999	-9999	-9999	-9999	-9999
290020001	APETATITLAN	6476	3156	3320	659	5778	1429
290020002	BELEN ATZITZIMITITLAN	2356	1149	1207	208	2127	468
290020003	SAN MATIAS TEPETOMATITLAN	1944	957	987	209	1722	425
290020004	TECOLOTLA	752	373	379	82	668	159
290020006	COLONIA LA LOMA	207	103	104	24	183	43
290020007	TETITLA	60	32	28	9	51	12
290030001	ATLANGATEPEC	524	260	264	60	460	106
290030004	SEGUNDA FRACCION DE OLIVARES	1	-9999	-9999	-9999	-9999	-9999
290030005	SAN BALTAZAR	7	-9999	-9999	-9999	-9999	-9999
290030006	EX-HACIENDA SAN JOSE ATLANGA	6	-9999	-9999	-9999	-9999	-9999
290030007	COLONIA AGRICOLA SAN LUIS	113	63	50	17	98	21
290030008	SAN PEDRO ECATEPEC	1204	587	617	148	1051	311
290030010	COLONIA SANTA CLARA OZUMBA	313	172	141	48	263	69
290030011	SANTA MARIA TEPETZALA	55	22	33	4	51	17
290030014	COLONIA BENITO JUAREZ (TEZOYO)	408	194	214	53	355	87
290030017	TRASQUILA, LA	387	214	173	45	341	81
290030018	SANTIAGO VILLALTA	252	124	128	45	206	47
290030019	VISTA HERMOSA	9	-9999	-9999	-9999	-9999	-9999
290030022	ZUMPANGO	1099	565	534	138	954	229
290030024	PARAISO, EL	1	-9999	-9999	-9999	-9999	-9999
290030026	RANCHO LA CABADA DE LAS TAPIAS	6	-9999	-9999	-9999	-9999	-9999
290030026	CERRO DE LAS FLORES	47	26	21	6	41	17
290030027	EX-HACIENDA LA TRASQUILA	2	-9999	-9999	-9999	-9999	-9999
290030028	OCOTAL, EL	8	-9999	-9999	-9999	-9999	-9999
290030029	RANCHO SANTA ELENA	22	13	9	2	20	6
290030031	VILLA DE LAS FLORES	261	112	149	37	219	53
290030032	LOMA BONITA	174	75	99	23	147	49

Fuente: SIDRET (2008).

Diseño de la tabla. Para lograr un adecuado rendimiento de los datos (búsquedas y generación de informes), así como realizar procesos de relaciones entre las diferentes tablas, un paso a realizar a continuación será la definición de las características de las tablas. Esto supone la definición específica de qué tipo de datos son, por ejemplo, de tipo carácter (cadenas alfanuméricas), numérico (enteros o reales), de tipo fecha o memo (cadenas de texto extensas); además, se debe especificar la longitud en algunos de esos tipos de campos para tener una base de datos de tamaño adecuada. Para el caso de la tabla que se ha mostrado de ejemplo, se aprecia parte del diseño de la misma que incluye la descripción del significado del nombre del campo.

Figura 52. Estructura final de la base de datos

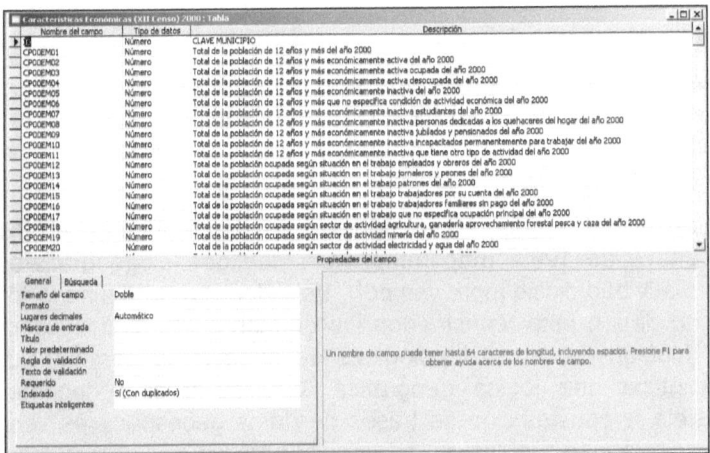

Fuente: SIDRET (2008).

Definición de las relaciones entre las tablas. Finalmente, uno de los últimos procesos a considerar es la definición de las relaciones que existen entre las tablas que conforman la base de datos en su totalidad. Esto permitirá la realización de búsquedas complejas y, no menos importante, la creación de consultas que resulten en datos para su análisis estadístico o mapeo temático.

La base de datos generada es un repositorio de 8,485 variables estadísticas que están a diferentes niveles de desagregación territorial, comprenden los resultados de diferentes tipos de censos, conteos y muestreos a diferentes fechas. Los datos se han estructurado en una base de datos relacional y se pueden realizar diversos análisis estadísticos y cartográficos. La organización de los datos está basada en la forma en cómo se reconocen según sea su temática y temporalidad.

Estos datos de ninguna forma constituyen el fin de este proyecto, es decir, este producto demanda la incorporación constante de datos estadísticos en las líneas temáticas originalmente definidas y otras que, de forma indirecta, participan en el desarrollo regional.

2) Base de datos cartográfica

La definición de las capas de datos geográficas digitales a integrar y/o generar en el proyecto corresponde a la premisa de ser las que con más frecuencia se utilizan en la toma de decisiones estatal, disponibles en formato digital o analógico y en capacidad de integrarlas al proyecto considerando los recursos económicos con que se cuenta. Las capas a incluir en la base de datos son multifinalitarias y permiten responder a preguntas relativas a los ejes primeramente definidos.

La generación de la base de datos se basó en lineamientos definidos por el Instituto Nacional de Estadística, Geografía e Informática para garantizar un adecuado nivel de calidad lo que favorece la realización de análisis. Algunos de los documentos considerados fueron:

- Base de datos geográficos. Modelo de datos vectoriales. INEGI. 7 de mayo de 1993. (http://mapserver.inegi.gob.mx/geografia/espanol/ normatividad/diccio/mod_vec.pdf). Este documento define la forma en como deben estar construidos los objetos de la realidad geográfica en función de reglas topológicas de conexión y compartición para garantizar una lógica geográfica. Gracias a este documento es posible la construcción de bases de datos geoespaciales vectoriales que no tengan problemas del tipo "carreteras que cruzan lagunas" o "localidades que no están conectadas a la red de carreteras".
- Formato de definición de metadatos. INEGI. Documento digital sin mayor referencia publicado en http://mapserver.inegi.gob.mx/geografia/ espanol/normatividad/metadatos/for_defi.pdf. Los metadatos son información que describe con detalle el conjunto de datos geoespaciales digitales. Su importancia es tal que sin ellos no es posible utilizar de manera adecuada los datos por desconocer quién los creó, la escala de los mismos, la fuente, el año en que se adquirieron, las limitaciones o requisitos para hacer uso de los mismos, etcétera. Este documento define los elementos básicos a considerar en la construcción de metadatos y fue considerado en el proyecto SIDRET para la construcción de los metadatos de los datos vectoriales y *raster*.
- Estándar para la generación de metadatos de la Red SIGPY. Ver. 1.0. Febrero del 2003. Adaptación: Castillo, V. L., Iturbe, P. A., García, C. G. Reyes, M. A y Montes, P. E. Este documento complementa el formato de definición de metadatos al ser una excelente guía que explica con detalle el significado de cada uno de los elementos contenidos en los metadatos.

Las bases de datos cartográficas que conforman el proyecto son las siguientes:

1. Nomenclator de localidades para los años 1990, 1995 y 2000, a escala 1:50,000.
2. División político-administrativa a escala 1:50,000.
3. Áreas geoestadísticas básicas de las 10 principales ciudades de Tlaxcala, para los años 1990, 1995 y 2000, a escala 1:50,000.
4. Ortofotos digitales con cobertura a la franja central del estado de Tlaxcala, al año 1994, a escala 1:40,000.
5. Mapas topográficos del estado de Tlaxcala (imágenes georreferenciadas), a diferentes fechas, a escala 1:50,000.
6. Modelo digital del terreno (MDT) con cobertura al estado de Tlaxcala, a escala 1:50,000.
7. Modelo de relieve sombreado con cobertura al estado de Tlaxcala, a escala 1:50,000.
8. Mapa de pendientes con cobertura al estado de Tlaxcala, a escala 1:50,000.
9. Mapa de orientación de relieve con cobertura al estado de Tlaxcala, a escala 1:50,000.
10. Mapa de colecta de reptiles, del año 1997-1999, a escala 1:50,000.
11. Mapa de colecta de pteridofitas, del año 1997-1999, a escala 1:50,000.
12. Mapa de colecta de peces, del año 1997-1999, a escala 1:50,000.
13. Mapa de colecta de mamíferos, del año 1997-1999, a escala 1:50,000.
14. Mapa de colecta de gimnospermas, del año 1997-1999, a escala 1:50,000.
15. Mapa de colecta de briofitas, del año 1997-1999, a escala 1:50,000.
16. Mapa de colecta de aves, del año 1997-1999, a escala 1:50,000.
17. Mapa de colecta de angiospermas, del año 1997-1999, a escala 1:50,000.
18. Mapa de colecta de anfibios, del año 1997-1999, a escala 1:50,000
19. Mapa de vías de comunicación terrestre, al año 2005, a escala 1:50,000.
20. Mapa de geología, con cobertura al estado de Tlaxcala, a escala 1:250,000.
21. Mapa de fisiografía, con cobertura al estado de Tlaxcala, a escala 1:250,000.
22. Mapa de edafología, con cobertura al estado de Tlaxcala, a escala 1:250,000.

23. Mapa de hidrología lineal superficial, con cobertura al estado de Tlaxcala, a escala 1:250,000.
24. Mapa de cuerpos de agua superficiales, con cobertura al estado de Tlaxcala, a escala 1:250,000.
25. Mapa de áreas hidrológicas en veda, con cobertura al estado de Tlaxcala, a escala 1:250,000.
26. Mapa de regiones hidrológicas, con cobertura al estado de Tlaxcala, a escala 1:250,000.
27. Mapa de isohipsas (curvas de nivel), con cobertura al estado de Tlaxcala, a escala 1:250,000.
28. Mapa de precipitación media anual, con cobertura al estado de Tlaxcala, a escala 1:500,000.
29. Mapa de climas, con cobertura al estado de Tlaxcala, a escala 1:500,000.
30. Mapa de promedio anual de días con heladas, con cobertura al estado de Tlaxcala, a escala 1:500,000.
31. Mapa de temperatura media anual, con cobertura al estado de Tlaxcala, a escala 1:500,000.
32. Mapa de las zonas en el estado de Tlaxcala con potencial productivo de zarzamora, a escala 1:50,000.
33. Mapa de las zonas en el estado de Tlaxcala con potencial productivo de tejocote, a escala 1:50,000.
34. Mapa de las zonas en el estado de Tlaxcala con potencial productivo de *pinus greggi*, a escala 1:50,000.
35. Mapa de las zonas en el estado de Tlaxcala con potencial productivo de *pinus cembroide*, a escala 1:50,000.
36. Mapa de las zonas en el estado de Tlaxcala con potencial productivo de *pinus moctezuma*, a escala 1:50,000.
37. Mapa de las zonas en el estado de Tlaxcala con potencial productivo de *pinus ayacaliuite*, a escala 1:50,000.
38. Mapa de las zonas en el estado de Tlaxcala con potencial productivo de cultivo de pera, a escala 1:50,000.
39. Mapa de las zonas en el estado de Tlaxcala con potencial productivo de oyamel, a escala 1:50,000.
40. Mapa de las zonas en el estado de Tlaxcala con potencial productivo de nopal verdulero, a escala 1:50,000.
41. Mapa de las zonas en el estado de Tlaxcala con potencial productivo de nopal tunero, a escala 1:50,000.
42. Mapa de las zonas en el estado de Tlaxcala con potencial productivo de membrillo, a escala 1:50,000.
43. Mapa de las zonas en el estado de Tlaxcala con potencial productivo de manzana, a escala 1:50,000.

44. Mapa de las zonas en el estado de Tlaxcala con potencial productivo de higo, a escala 1:50,000.
45. Mapa de las zonas en el estado de Tlaxcala con potencial productivo de durazno, a escala 1:50,000.
46. Mapa de las zonas en el estado de Tlaxcala con potencial productivo de cebolla, a escala 1:50,000.
47. Mapa de las zonas en el estado de Tlaxcala con potencial productivo de aguacate, a escala 1:50,000.
48. Mapa de las zonas en el estado de Tlaxcala con potencial productivo de agave, a escala 1:50,000.
49. Imagen de satélite Landsat MSS, path 024, row 047, de fecha 04/02/1973, multiespectral con 4 bandas y con cobertura a una porción del Estado de Tlaxcala.
50. Imagen de satélite Landsat MSS, path 025, row 047, de fecha 25/02/1973, multiespectral con 4 bandas y con cobertura a una porción del Estado de Tlaxcala.
51. Imagen de satélite Landsat MSS, path 025, row 047, de fecha 26/02/1973, multiespectral con 4 bandas y con cobertura a una porción del Estado de Tlaxcala.
52. Imagen de satélite Landsat MSS, path 028, row 043, de fecha 16/03/1973, multiespectral con 4 bandas y con cobertura a una porción del Estado de Tlaxcala.
53. Imagen de satélite Landsat MSS, path 027, row 043, de fecha 16/03/1973, multiespectral con 4 bandas y con cobertura a una porción del Estado de Tlaxcala.
54. Imagen de satélite Landsat MSS, path 026, row 046, de fecha 19/04/1973, multiespectral con 4 bandas y con cobertura a una porción del Estado de Tlaxcala.
55. Imagen de satélite Landsat MSS, path 027, row 046, de fecha 20/04/1973, multiespectral con 4 bandas y con cobertura a una porción del Estado de Tlaxcala.
56. Imagen de satélite Landsat MSS, path 025, row 047, de fecha 24/05/1973, multiespectral con 4 bandas y con cobertura a una porción del estado de Tlaxcala.
57. Imagen de satélite Landsat MSS, path 025, row 046, de fecha 24/05/1973, multiespectral con 4 bandas y con cobertura a una porción del estado de Tlaxcala.
58. Imagen de satélite Landsat MSS, path 026, row 046, de fecha 22/11/1973, multiespectral con 4 bandas y con cobertura a una porción del estado de Tlaxcala.
59. Imagen de satélite Landsat MSS, path 028, row 043, de fecha 28/06/1974, multiespectral con 4 bandas y con cobertura a una porción del estado de Tlaxcala.

60. Imagen de satélite Landsat MSS, path 027, row 047, de fecha 21/03/1977, multiespectral con 4 bandas y con cobertura a una porción del estado de Tlaxcala.
61. Imagen de satélite Landsat MSS, path 027, row 047, de fecha 04/10/1979, multiespectral con 4 bandas y con cobertura a una porción del estado de Tlaxcala.
62. Imagen de satélite Landsat MSS, path 028, row 043, de fecha 21/04/1983, multiespectral con 4 bandas y con cobertura a una porción del estado de Tlaxcala.
63. Imagen de satélite Landsat MSS, path 026, row 046, de fecha 29/10/1985, multiespectral con 4 bandas y con cobertura a una porción del estado de Tlaxcala.
64. Imagen de satélite Landsat MSS, path 025, row 047, de fecha 15/03/1986, multiespectral con 4 bandas y con cobertura a una porción del estado de Tlaxcala.
65. Imagen de satélite Landsat MSS, path 027, row 043, de fecha 30/04/1986, multiespectral con 4 bandas y con cobertura a una porción del estado de Tlaxcala.
66. Imagen de satélite Landsat MSS, path 024, row 047, de fecha 18/08/1987, multiespectral con 4 bandas y con cobertura a una porción del estado de Tlaxcala.
67. Imagen de satélite Landsat MSS, path 028, row 043, de fecha 15/03/1990, multiespectral con 4 bandas y con cobertura a una porción del estado de Tlaxcala.
68. Imagen de satélite Landsat MSS, path 024, row 047, de fecha 26/08/1990, multiespectral con 4 bandas y con cobertura a una porción del estado de Tlaxcala.
69. Imagen de satélite Landsat MSS, path 026, row 046, de fecha 20/11/1990, multiespectral con 4 bandas y con cobertura a una porción del estado de Tlaxcala.
70. Imagen de satélite Landsat MSS, path 027, row 043, de fecha 06/04/1992, multiespectral con 4 bandas y con cobertura a una porción del estado de Tlaxcala.
71. Imagen de satélite Landsat MSS, path 025, row 047, de fecha 26/05/1992, multiespectral con 4 bandas y con cobertura a una porción del estado de Tlaxcala.
72. Imagen de satélite Landsat TM, path 026, row 046, de fecha 31/01/1985, multiespectral con 4 bandas y con cobertura a una porción del estado de Tlaxcala.
73. Imagen de satélite Landsat TM, path 026, row 047, de fecha 07/03/1989, multiespectral con 4 bandas y con cobertura a una porción del estado de Tlaxcala.

74. Imagen de satélite Landsat ETM, path 026, row 047, de fecha 21/03/2000, multiespectral con 4 bandas y con cobertura a una porción del estado de Tlaxcala.
75. Imagen de satélite Landsat ETM, path 026, row 046, de fecha 21/03/2000, multiespectral con 4 bandas y con cobertura a una porción del estado de Tlaxcala.
76. Imagen de satélite Landsat ETM, path 025, row 046, de fecha 06/09/2000, multiespectral con 4 bandas y con cobertura a una porción del estado de Tlaxcala.
77. Imagen de satélite Landsat ETM, path 025, row 047, de fecha 06/09/2000, multiespectral con 4 bandas y con cobertura a una porción del estado de Tlaxcala.
78. Imagen de satélite de alta resolución, multiespectral (2.4 mts. tamaño de pixel) y pancromática (0.6 mts. tamaño de pixel), con cobertura a la ciudad de Tlaxcala y San Pablo Apetatitlan, de fecha 2006
79. Decenas de fotografías aéreas verticales fotogramétricas, a diversas escalas y fechas, con cobertura a distintas zonas del estado de Tlaxcala.

Con la finalidad de brindar a los usuarios del proyecto los metadatos se diseñó una ficha con la información mínima necesaria de los mismos, la cual se encuentra disponible en la documentación de este proyecto (figura 53).

Figura 53. Ejemplo de metadato para una de las bases de datos cartográficas que conforman el proyecto

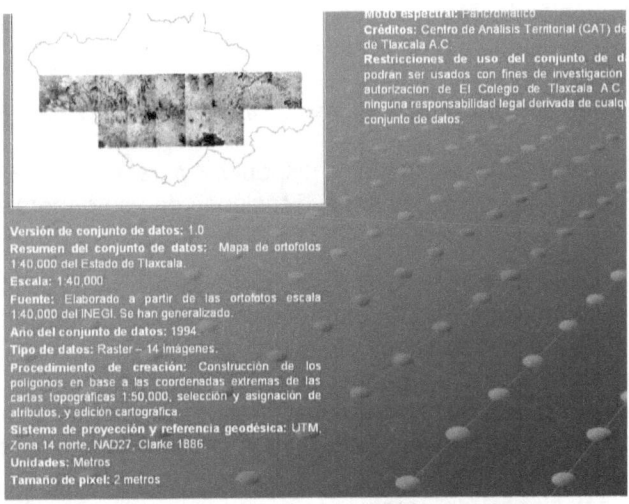

Fuente: Elaboración propia.

Actualmente, el proyecto SIDRET se constituye en el estado de Tlaxcala como el banco de datos cartográfico y estadístico más completo e íntegro, y se está trabajando para que se constituya como el punto de referencia para la realización de tareas de consulta, mapeo temático, análisis y modelación espacial.

La realización de convenios con diversas instituciones será un proceso clave para enriquecer y socializar la base de datos. Se han reconocido dos tipos de instituciones según la forma en cómo se establecerá una relación con el proyecto:

- Instituciones usuarias del SIDRET tales como aquellas que soliciten, en forma continua o esporádica, datos cartográficos y estadísticos.
- Instituciones proveedoras de datos, por ejemplo, aquellas que generan datos y que alimenten el repositorio de datos del SIDRET. Un mecanismo de retroalimentación será considerado para favorecer una continuidad en este proceso.

La finalidad última de estas relaciones es mantener actualizados los bancos de datos, así como incrementar la cantidad de datos requeridos para las tomas de decisión.

Como se aprecia en las líneas directrices del proyecto (figura 46), el aspecto tecnológico no tiene gran relevancia. Los componentes de equipo y programas de cómputo para proyectos similares son problemas más de carácter económico que conceptual o metodológico; sin embargo, y con la finalidad de brindar un punto de referencia acerca de la infraestructura informática empleada para el desarrollo de este proyecto se describen, a continuación, el equipo y programas de cómputo utilizados.

3) Equipo de cómputo para el desarrollo del proyecto SIDRET

El equipo de cómputo existente y disponible para ser empleado en el proyecto SIDRET así como las especificaciones de uso general se listan a continuación:

- Una estación de trabajo Dell Xeon con 1Gb en RAM, unidad de CR-R/W, disco duro de 80 Gb. Este equipo sirve como repositorio de los datos y para el desarrollo de proyectos geográficos.
- Una estación de trabajo portátil Dell M50 P4 a 2.4Ghz. unidad de CR-R/W, disco duro de 80 Gb. Su uso está destinado a ser una copia espejo de todo el proyecto y sirve para realizar presentaciones ejecutivas del proyecto.
- Cinco estaciones de trabajo conformadas por computadoras Dell Precision P4, 512MB RAM, disco duro SCSI de 36GB, monitor LCD de

17", unidad de CD-RW, teclado, mouse y con unidad de respaldo de energía eléctrica. Estos equipos de cómputo sirvieron para el desarrollo de las actividades del coordinador de proyectos SIG, dos analistas SIG, el asistente de proyectos SIG y una más para el especialista en educación a distancia.

- Plotter HP DesignJet 500 de inyección de tinta a color, para impresión de rollos de papel de 42" de ancho. Este dispositivo sirve para la impresión de productos de información.
- Una impresora de formato ancho Epson Stylus Professional 3000. Sus funciones están orientadas a la impresión de productos de información de 45 x 60cms.
- Un switch de red 3COM de 16 puertos 10/100.
- Dos receptores GPS Garmin Etrex Legend con exactitud posicional de +/- 10 mts. Su uso esta direccionado para la realización de levantamientos geodésicos a escala 1:75,000.

4) Programas de cómputo

A continuación se describen los programas empleados en el proyecto:

- Creación de bases de datos estadísticas. Los procesos concernientes a la depuración de datos tabulares se realizaron con el programa Microsoft Excel®. La aplicación de reglas de CODD para contar al final con una base de datos relacional fueron hechas con el programa Microsoft Access® 2000.
- Construcción de bases de datos geográficas digitales vectoriales. La importación, depuración topológica, asignación de atributos, digitización en pantalla, unión de cartas adyacentes, entre otros procesos, fueron realizados con el programa ArcView GIS 3.2.
- Generación de proyectos geocartográficos y edición de mapas temáticos. Estos hacen referencia a la organización y presentación semiológica de los datos geoespaciales vector y raster, así como la construcción de composiciones cartográficas. Los programas de cómputo empleados para ello son el ArcGIS y ArcView® 9.1.
- Elaboración de metadatos. La realización y actualización de archivos de metadatos se llevó a cabo con el programa SIAM (Sistema para la Administración de Metadatos), el cual fue desarrollado por el Centro de Información Geográfica adscrito a la División de Ciencias e Ingeniería de la Universidad de Quintana Roo, en el marco del proyecto *Red de Sistemas de Información Geográfica de la Península de Yucatán* (www. sigpy.uqroo.mx).

- Visualización, consulta y mapeo temático. Estos procesos de amplio uso se conciben como los más básicos, los cuales si se aplican de manera adecuada permiten resolver una gran diversidad de problemas territoriales. Usuarios con poca experiencia y sin recursos económicos para la adquisición de licencias de programas de cómputo SIG, pueden utilizar los programas de distribución libre. ArcExplorer® se ha definido como el programa que sirve para difundir y hacer posible el uso de los datos geoespaciales del proyecto.
- Realización de la documentación del proyecto y manuales del usuario. Estos productos se realizaron con el programa de cómputo Microsoft Power Point®.
- Publicación de la base de datos en www. La creación de un servidor cartográfico trae consigo numerosas ventajas, entre las que destaca el que permite socializar los datos geoespaciales generados y con ello iniciar un proceso de tomas de decisión –de diferentes niveles, incluyendo las gubernamentales– más eficientes, toda vez que la sociedad tiene un acceso fácil a estos bancos de datos, a herramientas para su consulta, mapeo temático, análisis y recursos metodológicos para su correcta utilización. Para la construcción del servidor cartográfico se utilizó APACHE (un servidor de Internet), PHP (lenguaje de programación WEB) y MAP SERVER (programa para la construcción de servidores de datos geoespaciales).

En forma adicional a los programas de cómputo descritos en párrafos anteriores, SIDRET logró obtener un *grant* de licencias de cómputo SIG comerciales (Figura 54). Este *grant* es significativo porque permite utilizar tecnología de vanguardia y aplicarlo al desarrollo de proyectos de investigación y educación, premisas para lo cual está destinado el uso de las licencias concedidas para propósitos académicos.

Este *grant* está conformado por las siguientes soluciones informáticas:

1. Geomedia 5.1
2. Geomedia Professional 5.1
3. Geomedia GRID 5.16
4. Geomedia Terrain 5.1
5. Geomedia Webmap Professional 5.1a
6. Spatial Metadata Management Geomedia 5.1a
7. Geomedia Image 5.2

B) Generación de capital humano especializado en geotecnologías

Uno de los requerimientos prioritarios para el desarrollo del proyecto SIDRET era contar con capital humano especializado en geotecnologías. Sobre este punto se tienen dos opciones para el desarrollo de un proyecto de esta naturaleza: la contratación de personal ya especializado en geotecnologías o bien capacitar a personal de la institución. Las dos opciones tienen claras ventajas y desventajas; la contratación de personal ya capacitado en SIG sugiere una disminución de tiempo en el desarrollo de un proyecto y la generación de los respectivos resultados, sin embargo, los costos del mismo se incrementan debido a que, por lo general, los salarios de este tipo de profesionistas son elevados y la oferta en el mercado es reducida. Por otro lado, se tiene que la capacitación a personal aún con perfiles relacionados a geotecnologías lleva un tiempo considerable.

Para la realización del proyecto SIDRET se contempló la generación de capital humano de la institución con base en la siguiente estrategia: primero, se contrató personal externo que realizara el proyecto al mismo tiempo que comenzó la capacitación de su personal.

Figura 54. El Centro de Análisis Territorial de El Colegio de Tlaxcala, A. C. es reconocido por Intergraph como el segundo Registered Research Laboratory en México[3]

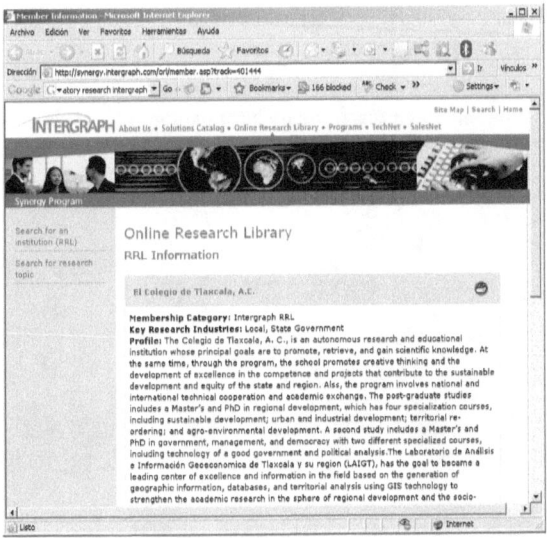

Fuente: http://synergy.intergraph.com/orl/member.asp?track=401444.

3 Se agradece el invaluable apoyo del Ing. Armando Ávila de Intergraph México para que al CAT le fuera otorgado un *grant* con un valor comercial de más de $100,000 dólares en *software*.

A la fecha, en el estado de Tlaxcala no se tenian programas de estudio a nivel de licenciatura, especialización o maestría directamente relacionados con la aplicación de sistemas de información geográfica y/o percepción remota para la solución de problemas territoriales. Por lo anterior, se buscó una institución académica con la cual iniciar una colaboración que resultara en una transferencia de conocimientos (conceptos, métodos y manejo operativo de tecnología geoespacial). La institución identificada para lograr la generación de capital humano en El Colegio de Tlaxcala, A. C. fue la Universidad de Quintana Roo a través de su Centro de Información Geográfica. (www.cig.uqroo.mx).

La capacitación que finalmente recibió el personal que desarrolló este proyecto, así como de otras instituciones del estado de Tlaxcala se expone a continuación:

1. Diplomado en Sistemas de Información Geográfica 1ª promoción, con una duración de 180 horas y con 26 participantes de los cuales 7 fueron personal de El Colegio de Tlaxcala.
2. Diplomado en Sistemas de Información Geográfica 2ª promoción, con una duración de 150 horas y 18 asistentes, de los cuales 10 fueron personal de El Colegio de Tlaxcala (figura 55).

Figura 55. Síntesis curricular de la 1ª promoción del Diplomado en Sistemas de Información Geográfica impartido por la el Centro de Información Geográfica de la División de Ciencias e Ingeniería de la Universidad de Quintana Roo en el Colegio de Tlaxcala.

Diplomado en Sistemas de Información Geográfica

	MÓDULO I	MÓDULO II	MÓDULO III
DESCRIPCIÓN	Conceptualización del Espacio Geográfico y SIG	Construcción de Bases de Datos Geoespaciales	Análisis Espacial y Publicación de Mapas en Internet
HORAS (170)	*55hrs.*	*65hrs.*	*50hrs.*
CURSOS	MI-1 Nociones Básicas de Geografía y Cartografía *(15 hrs.)*	MII-1 Fundamentos de Percepción Remota *(20 hrs.)*	MIII-1 Manejo y Análisis Espacial con Datos Vector *(15 hrs.)*
	MI-2 Conceptos Básicos de SIG *(20 hrs.)*	MII-2 Introducción a los Sistemas de Posicionamiento Global (GPS) *(20 hrs.)*	MIII-2 Manejo y Análisis de Datos Raster *(20 hrs.)*
			MIII-3 Publicación de Mapas en Internet *(15 hrs.)*
	MI-3 Visualización, Consulta y Mapeo Temático sobre Bases de Datos Geográficas Digitales *(20 hrs.)*	MII-3 Creación de Bases de Datos Geográficas *(25 hrs.)*	MIII-4 Conclusión y Evaluación Final del Proyecto SIG

Un curso = exposición + CD (presentaciones + bibliografía + software opensource) +E-learning + especialistas con experiencia a nivel nacional e internacional + experiencia de 8 años en capacitación + respaldo de la Universidad de Quintana Roo y el Colegio de Tlaxcala A.C. = Personal altamente capacitado en materia de geotecnologías.

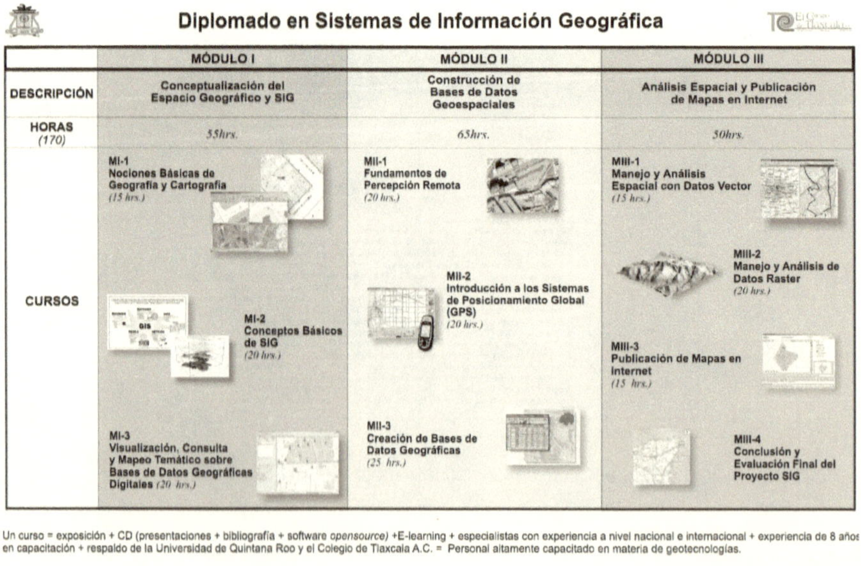

3. Curso "Creación de indicadores estadísticos a través de técnicas de análisis de componentes principales".
Duración: 30hrs.
Descripción: Este curso pretende que los participantes adquieran los conocimientos teóricos y prácticos para trabajar con bases de datos estadísticas, aplicar análisis y derivar indicadores estadísticos por medio de la técnica de componentes principales. SIDRET deberá, en el corto plazo, tener una base de datos con más de 5000 variables estadísticas mismas que deberán ser analizadas para generar información y conocimiento requerido en las tareas de desarrollo regional y en los servicios de producción de información específica por el proyecto.

Temario:
- Introducción a la construcción de indicadores sociales
- Elementos básicos de estadística descriptiva (tipos de variables -numérica, de razón, ordinales, categóricas-, medidas de tendencia central, dispersión, construcción de frecuencias y gráficas exploratorias, distribuciones teóricas)
- Elementos básicos de estadística bivariada: correlación. Tabla de contingencia. Prueba de hipótesis
- Estadística multivariada y exploración de los datos gráfica y analíticamente
- Diferencia entre índices y escalas
- Técnica de componentes principales
- Construcción del índice de marginación que elabora CONAPO

4. Curso "Creación y actualización de bases de datos geoespaciales".
Duración: 40hrs.
Descripción: Una de las actividades más frecuentes a desarrollar en el proyecto SIDRET será la creación de bases de datos tanto estadísticas como cartográficas y por supuesto la respectiva actualización de las mismas. Este curso se orienta, por lo tanto a brindar las consideraciones técnicas y los procedimientos para generar datos en estructura y formato digital para soportar procesos ulteriores de manejo, análisis, modelación y mapeo con base en programas de sistemas de información geográfica. Los proyectos SIG deben estar constantemente actualizados. Las bases de datos cartográficas deberán incrementarse no sólo en temática, sino también a un detalle (escala) cada vez mayor. Esto implica la necesidad de personal que esté en capacidad de actualizar y crear bases de datos geográficas digitales de calidad.

Temario:
- Elementos a considerar para la creación de BDG de calidad
- Creación de bases de datos estadísticas
- Georreferenciación de mapas vectoriales y *raster*
- *Head ups digitizing*
- Depuración topológica y asignación de atributos
- Vectorización semiautomática
- Creación de metadatos con base en el estándar de la Red SIGPY 1.0 y el programa SIAM 1.0

5. Curso "Diseño cartográfico de alta calidad"
Duración: 30hrs.
Descripción: Los productos de información a generar resultado de las demandas de diversos usuarios deben tener un alto grado de calidad gráfica. Para ello, este curso sienta las bases teóricas y prácticas para que los resultados no sólo tengan un alto grado de estética sino de comunicación.

Temario:
- Semiología
- Diseño cartográfico
- Edición de productos cartográficos de alta calidad
- Impresión de productos cartográficos
- Exportación de productos cartográficos a formatos digitales gráficos

6. Curso: "Análisis y modelación SIG avanzada".
Duración: 60hrs.
Descripción: Uno de los aspectos más importantes en un proyecto SIG es la capacidad para responder a preguntas territoriales. Por ejemplo, determinar cuál es el mejor sitio para la construcción de una zona industrial que equilibre el desarrollo regional, demanda toda una serie de análisis estadísticos y espaciales. Este curso, permite a analistas SIG dar respuesta a estas necesidades de análisis y mo-delación de datos cartográficos a través de sistemas de información geográfica.

Temario:
- Análisis espacial vector (búsquedas espaciales, *buffer, overlay, update, spider*, rutas óptimas, áreas de asignación, análisis de facilidad)
- Análisis espacial raster (análisis local, análisis focal, análisis zonal, análisis de fricción, morfología digital, visualización y consulta de datos en 3D, modelación topográfica)
- Técnicas de evaluación multicriterio discreta

7. Curso-Taller "SIG para el análisis del crecimiento espacial de ciudades"
Duración: 30hrs.
Descripción: Con la finalidad de tener un ejemplo muy práctico y concreto de elaboración de un producto de información a partir de bases de datos geoespaciales, se realizará este curso; como producto final será un mapa que muestre cómo ha crecido una ciudad en un periodo determinado (1970-2004). Para ello, imágenes de satélite, mapas vectoriales, fotografías aéreas y datos estadísticos serán usados para generar este producto de información.

Temario:
• Recopilación de datos geográficos y cartográficos
• Creación de la base de datos geográfica digital
• Determinación de los cambios espacio-temporales
• Generación del producto final (producto de información)

8. Curso-Taller "Creación de servidores cartográficos basados en tecnología MapServer"
Duración: 45hrs.
Descripción: Las bases de datos geoespaciales y los resultados de un proyecto SIG deben, en muchos casos, darse a conocer y promocionarse. La creación de un servidor cartográfico responde a la necesidad de dar a conocer los datos cartográficos y estadísticos más importantes y así brindar una serie de opciones que den respuesta a necesidades básicas de cartografía temática para diversos tipos de usuarios. Por lo tanto, este curso se orienta a la creación de un servidor cartográfico empleando tecnología *open source*.

Temario:
• Instalación y configuración de *software*
• Consideraciones de los datos cartográficos y estadísticos para la creación de servidores cartográficos
• Programación de servidores cartográficos con base en la solución open source MapServer

9. Taller "Producción masiva de reportes cartográficos y estadísticos"
Duración: 35hrs.
Descripción: Los analistas SIG deben estar adecuadamente capacitados para responder a los diferentes requerimientos de los usuarios del sector público y privado. Este taller, pretende ser un espacio para que los analistas realicen una serie de productos de información y tengan al final los conocimientos y experiencia para estar en capacidad de realizar este tipo de productos.

Temario:
- Identificación de características de productos de información geoespaciales requeridos
- Realización de reportes estadísticos
- Realización de reportes cartográficos

C) DIFUSIÓN Y SOCIALIZACIÓN DEL PROYECTO SIDRET

La administración púbica estatal y municipal demanda un proceso de adopción de la tecnología geoespacial para servir como herramienta estratégica que coadyuve a la resolución de problemas territoriales y a la planeación estratégica. Lo anterior ha generado un panorama que se traduce, por una parte, en un proyecto que tiene una gran cantidad de datos estadísticos y cartográficos que pueden ser usados para el análisis y/o resolución de problemas territoriales; y por la otra, en una cantidad muy importante de usuarios potenciales que se pretende conozcan y, en forma paulatina, empleen los recursos generados por el proyecto SIDRET.

Esta labor de socialización y difusión es por tanto fundamental, ya que se trata de dar a conocer las ventajas de usar y aplicar conceptos relacionados con una nueva forma de ver el territorio y, por supuesto, de analizarlo a través de resultados del proyecto SIDRET. Esta línea directriz del proyecto se abordó y para su cumplimentación se realizaron las siguientes actividades y productos:

1. Seminario geotecnológico. Se elaboró y diseñó una presentación cuyo objetivo fue dar a conocer qué es la tecnología geoespacial, sus principales características y productos como ejemplos de aplicación. Un breve análisis de la situación del estado de Tlaxcala en cuanto al uso de los SIG y tecnologías de índole geoespacial es presentado haciendo énfasis en la necesidad de adoptar estas herramientas. Posteriormente, se hace una descripción detallada del proyecto SIDRET en cuanto a sus objetivos, resultados concretos y la facilidad para acceder al banco de datos geoespacial estatal; herramientas informáticas de bajo costo; y la disposición de El Colegio de Tlaxcala para capacitar a los interesados. El material de esta presentación se ha puesto en un disco compacto junto con los recursos informáticos requeridos para la apertura y visualización de la base de datos geoespacial generada. Un tiraje de varias centenas de discos compactos ha sido realizado y se han hecho llegar, en forma oficial, a diferentes actores de dependencias del gobierno estatal y municipal. Toda vez que se contó con esta presentación, se realizaron un total de 3 seminarios con una duración de dos horas, cada uno. Los invitados a este seminario fueron personal con cierto nivel de tomas de decisión al interior de sus organizaciones (jefes de área y cargos superiores).

Resultado de estas acciones se tiene una pobre respuesta por parte de los asistentes a los seminarios y cursos geotecnológicos impartidos; de hecho hasta febrero de 2007 no se ha tenido ninguna solicitud de datos o cursos de capacitación por parte de instituciones gubernamentales.

2. Página www del proyecto SIDRET. Con la finalidad de difundir en forma masiva los diferentes resultados del proyecto y facilitar a los usuarios potenciales el acceso a datos cartográficos y/o estadísticos y documentación diversa, se diseñó y creó una página www. La estructura y contenido se describen de forma breve a continuación:

2.1. Presentación. Página principal donde se da una bienvenida, una breve descripción del proyecto y una invitación para acceder a toda la documentación, bases de datos geoespaciales y herramientas informáticas disponibles para generar información y conocimiento en pro del desarrollo regional en el estado de Tlaxcala.

2.2. Descripción del proyecto. Esta sección presenta los aspectos básicos del proyecto como es la importancia, objetivos, etcétera, así como la documentación diversa del proyecto. Tiene tres secciones las cuales son:

2.2.1. Contexto e importancia. Se hace una descripción de los desequilibrios regionales que presenta el estado, así como los elementos de oportunidad para potenciar su desarrollo económico. Las premisas que justifican la existencia y mantenimiento del proyecto SIDRET son también descritos en este apartado.

2.2.2. Objetivo del SIDRET. Establecer las bases institucionales para la construcción de un Sistema de Información Geográfica para el análisis y tomas de decisión en estrategias de desarrollo regional para aminorar los desequilibrios regionales y alentar el desarrollo humano sustentable en el estado de Tlaxcala.

2.2.3. Objetivos específicos:

a. Integrar datos geoespaciales para el análisis y la formulación de diagnósticos geofísicos, socioeconómicos, político-electo-rales, ambientales y educativos en el estado de Tlaxcala.

b. Formular estrategias exitosas para promover el desarrollo regional sustentable en el estado, apoyado en una relación equilibrada urbano-rural y en los diversos instrumentos disponibles que garanticen el desarrollo humano de los tlaxcaltecas.

c. Conformar información relevante que apoye la toma de decisiones de empresarios e inversionistas en la localización industrial, de servicios, agropecuario y el establecimiento de corredores comerciales y de servicios.

d. Dotar a la entidad de una plataforma tecnológica que promueva el desarrollo científico, tecnológico y la excelencia educativa geotecnológica en el estado.

e. Apoyar en la formulación y evaluación de proyectos de inversión para el desarrollo, que se conviertan en polos detonadores del desarrollo humano.

f. Apoyar en la planeación educativa para el diseño y operación de formadores de recursos humanos del más alto nivel en el estado, a través de programas permanentes en los niveles de maestría y doctorado en desarrollo regional y áreas afines y programas transitorios como diplomados, cursos de capaci-tación, cursos de especialización y talleres aplicados a la solución de problemas regionales en el estado de Tlaxcala.

2.3 Documentación. En esta sección son publicados los documentos que se han generado a la fecha sobre el proyecto SIDRET con relación a su construcción:

a. Propuesta inicial del proyecto SIDRET
b. Primer reporte de actividades del proyecto
c. Evaluación del primer reporte por parte de FOMIX-Tlaxcala
d. Segundo reporte de actividades
e. Evaluación del segundo reporte de actividades por parte de FOMIX-Tlaxcala
f. Tercer y último reporte de actividades
g. Evaluación del tercer reporte de actividades por parte de FOMIX-SIDRET
h. Presentación del proyecto SIDRET mostrando las principales actividades y resultados realizados
i. Seminario geotecnológico

3. Datos geoespaciales. La base de datos geoespacial del SIDRET se ha dividido en dos grandes rubros: estadística y cartográfica.

3.1. Base de datos estadística. Esta base de datos comprende miles de variables estadísticas con relación a los temas de población, economía, salud, educación, sociedad, política, entre otros. Los niveles de desagregación territorial de los datos son municipio, localidad y área geoestadística básica. Conforme el proyecto se desarrolle, otros niveles de desagregación pueden ser considerados. Las fechas de algunos datos son variables y van desde 1960 hasta el 2004; no todos los datos cuentan con este periodo temporal. SIDRET también recopila datos de hace varias décadas con la finalidad de hacer comparaciones y analizar la evolución de una variable en particular como es el caso de la evolución de la población en el territorio.

Los datos se encuentran organizados con base en su fuente, el año de creación de los datos y el nivel de desagregación. Es importante considerar que las tablas están estructuradas para, en culquier momento, hacer la respectiva asociación con la geometría municipal, de localidad o AGEB y realizar cartografía temática y análisis espaciales. Los datos que a la fecha se han recopilado pueden ser consultados en dos formas:

a. Archivo de Excel conteniendo el listado de los datos.
b. Sistema de búsqueda de variables.

3.2. Base de datos cartográfica. Esta base de datos comprende mapas digitales tanto en formato *raster* como vector, imágenes de satélite, ortofotos, fotografías aéreas, entre otros. La base geodésica y cartográfica de esta base de datos que es empleada en el SIDRET tiene los siguientes parámetros:

* Datum WGS84
* Elipsoide WGS84
* Proyección UTM Zona 14 Norte
* Unidades de metros

La recolección de los datos es una tarea continua del proyecto SIDRET. La mayor parte de los datos tendrán metadatos, lo que permitirá realizar un adecuado manejo y análisis de los datos cartográficos. Las siguientes secciones detallan las bases de datos que a la fecha se tienen en el proyecto SIDRET.

a. Mapas topográficos escaneados y georreferenciados:
  • Escala 1:250,000
  • Escala 1:50,000
b. Mapas temáticos vectoriales:
  • Escala 1:250,000
  • Escala 1:50,000
  • Escala 1:20,000
c. Mapas temáticos *raster*:
  • Escala 1:250,000
  • Escala 1:50,000
d. Imágenes de satélite pasivas:
  • Landsat MSS
  • Landsat TM
  • Landsat ETM
  • MODIS
  • Quickbird
  • RASTER

e. Imágenes de satélite activas:
- En construcción

f. Ortofotos digitales:
- Escala 1:40,000

g. Fotografías aéreas digitales:
- En construcción

h. Levantamientos LIDAR:
- En construcción

3.3. Mapoteca Digital. En esta sección se exponen todos los mapas y productos cartográficos que se han recopilado para el estado de Tlaxcala. Los mapas se encuentran en formato JPG. Los mapas que a continuación se muestran no tienen derechos de autor o bien se han cedido para su publicación en esta sección.

D) SIDRET COMO INSTRUMENTO PARA LAS TOMAS DE DECISIÓN

El proyecto SIDRET tiene un reto: lograr que se conciba como un instrumento para poder tomar decisiones adecuadas, principalmente, al interior del gobierno estatal y municipales. Veamos este problema desglosado en sus partes más importantes.

Los tomadores de decisiones (políticos) requieren de información y conocimiento técnico-especializado para decidir la mejor alternativa para resolver con el mejor costo-beneficio un determinado problema territorial. Esto implica contar con todo un sistema de información que, operado por el personal adecuado, sea capaz de generar respuestas a diversos tipos de preguntas. En este caso se plantea que SIDRET resuelva esta parte del "problema" ya que existen miles de datos en la estructura y formato digital para un rápido procesamiento que puede ser realizado con programas de cómputo SIG de bajo costo o incluso sin costo alguno.

Una serie de cursos o un diplomado en SIG están disponibles para que personal de gobierno pueda ser capacitado, o bien personal técnico de El Colegio de Tlaxcala, A. C. pueda realizar productos de información específicos sobre demanda.

Hasta este punto existen los elementos para dar respuesta a preguntas como:

1. ¿En qué municipio es prioritaria la construcción de una escuela primaria?
2. En función de la manera en que ha crecido la ciudad de Tlaxcala en los últimos 80 años ¿cuál es la tendencia y hacia qué zonas no debe crecer la ciudad debido a riesgos por inundaciones?
3. ¿Cuál es la localidad ideal en Tlaxcala para la construcción de una nueva zona industrial?
4. ¿Cuáles son las zonas en el estado de Tlaxcala que en los últimos 20 años han presentado una mayor degradación de sus recursos naturales?
5. ¿Cuál es la ruta más adecuada que se debe considerar para construir una carretera que conecte a las localidades X, Y y Z?
6. ¿Cuáles son y qué población tienen las localidades rurales (menos de2500 habitantes) de Tlaxcala que se encuentran a menos de 2900 msnm, que están en áreas óptimas para el cultivo de al menos cinco productos agrícolas y están a menos de 50 kms de distancia de las principales localidades del estado (Tlaxcala, Apizaco y Huamantla)?
7. Se necesita entregar a un tomador de decisiones el siguiente reporte (tabla): nombre de la localidad, municipio, población total de las 3 últimas décadas, distancia de la localidad a la cabecera municipal (hay una restricción para este reporte y es que sólo interesan las localidades que están a menos de 30 min de distancia de las tres principales ciudades de Tlaxcala).
8. Una empresa quiere saber cuál es el potencial de venta de productos de belleza y quiere saber en qué localidades hay más mujeres mayores a 12 años, en zonas donde se gana más de 4 salarios mínimos mensuales, donde hay todos los bienes electrónicos y a 25 kilómetros a la redonda de donde está ubicado el hotel Villas Chalet?
9. Una persona llega al CAT y desea 10 mapas temáticos a nivel estatal por municipios que le brinden información para resolver un problema: ¿En qué municipio le conviene invertir para poner una escuela preparatoria y universidad privada?
10. ¿Cuáles son los 5 municipios de Tlaxcala que más impacto tienen al medio ambiente en función de actividades económicas?
11. Una dependencia de gobierno responsable del desarrollo agrope-cuario requiere, para apoyar la decisión de saber dónde repartir fertilizante, conocer ¿cuáles son los municipios con más de 40% de la población que trabaja en actividades primarias?, la marginación a un nivel de población media alta, alta y muy alta, tienen más de 10,000 habitantes y según mapas de potencial

agrícola se tienen más de 5 tipos de cultivos potenciales al interior del municipio.

12. Una caracterización socioeconómica de lo que hay dentro y hasta 5 km de distancia del ANP La Malinche.

Sin embargo, lo que hace falta para cerrar el círculo y que SIDRET sea empleado para el propósito con que fue creado es el que sea adoptado por parte de instituciones del gobierno estatal y municipal. Este es el principal reto y que hasta este momento –a pesar de grandes esfuerzos- no ha sido posible. Veamos con mayor detalle esto último.

Para que SIDRET fuera adoptado por instituciones de gobierno se diseñaron diversos cursos y diplomados. La promoción e invitación a esta capacitación fue realizada a numerosas instancias. El número de participantes provenientes de la administración pública fue mínima y muchos de ellos no continuaron con toda la capacitación o la abandonaron. La razón principal es que no tenían el correspondiente permiso laboral, no recibían apoyo económico para los traslados –en el caso de participantes que venían de municipios alejados- y, prácticamente, la mayoría pagaban con recursos propios el costo de los cursos.

Aunado a esto, hay que señalar que el personal técnico tiene otro tipo de problemas, como el alto grado de rotación, dándose casos en los que el personal que adquiere habilidades técnicas y experiencia se retira del sector gubernamental para laborar en sectores que les ofrezcan mejores ingresos.

Lo anterior resultó de una estrategia donde personal técnico que labora en gobierno y que adopte a SIDRET podrían convertirse en promotores del mismo y vender la idea al personal directivo. Esta estrategia resulta más difícil de realizarse, ya que se encontró poco o nulo peso del personal técnico en la toma de decisiones. Aunado a la carencia o grandes limitaciones para el manejo de presupuesto y la consabida imagen errónea que tienen,en su mayoría, los políticos sobre el personal técnico informático.

El cambio de estrategia fue hecho. Se planteó diseñar e impartir una serie de seminarios ejecutivos para dar a conocer y sensibilizar a personal directivo y político, de la importancia del proyecto SIDRET y de las amplias posibilidades que tiene la tecnología geoespacial para coadyuvar a la resolución de problemas territoriales. El resultado: prácticamente una nula asistencia, y en el caso de los pocos asistentes un desinterés general por consolidar la adopción del proyecto SIDRET.

Algunas de las razones que se pueden mencionar como origen de este problema es el bajo nivel profesional que –en algunos casos- tiene el personal directivo y/o político, la falta de visión y compromiso para hacer crecer y desarrollar a las dependencias y casi un total interés por las cuestiones asociadas a luchas y conflictos político-electorales.

Otro planteamiento que se puede mencionar como causa de no emplear y no adoptar proyectos SIG es la cuestión económica, ya que por lo general son muy costosos debido a que en su mayoría lo realizan consultorías y empresas que cobran precios muy altos por el desarrollo de aplicaciones y las bases de datos. Las licencias profesionales de *software* SIG tienen un precio muy elevado y el costo de un pequeño laboratorio o área SIG suele llegar los $20,000.00 USD. Los datos geoespaciales son costosos y, sobre todo, cuando no se realiza un breve análisis del costo-beneficio del proyecto en general o para tratar de solucionar algún problema territorial. Sin embargo, SIDRET brinda la posibilidad de contar con una base de datos geoespacial y capacitación a costos muy bajos; no obstante el proyecto no ha tenido el éxito esperado y como se ha verificado no se debe únicamente al factor económico.

Pensando en que los costos de capacitación pueden ser prohibitivos para las dependencias de gobierno, que no disponen de tiempo suficiente para asistir y que no cuentan con equipo de cómputo adecuado, se ha pensado en SIDRET como un motor para la toma de decisiones con base en la generación de proyectos específicos con cierto costo, lo cual se realiza de la siguiente manera: vía Internet o fax, los interesados pueden describir con detalle las necesidades que tienen sobre un problema o producto de información específico. Por ejemplo, un usuario puede necesitar conocer cuál es la ruta óptima entre 25 localidades para resolver el problema de repartir con los menores costos un producto de belleza o cierto tipo de productos perecederos. En este caso, SIDRET proveerá como resultado, un mapa que muestre las localidades de interés del "cliente", otras localidades que sirven de referencia, la red carretera estatal, así como la señalización o indicación de la ruta óptima desde el inicio hasta el fin de la misma. Anexo a este mapa se entregar un reporte de texto que indica cuál es la localidad de inicio, para ir a la 2ª localidad, cuál es la dirección a seguir, el tipo de carretera, número de carriles, la distancia en km a recorrer, así como un estimado del tiempo en función de las velocidades máximas permitidas.

Lo anterior es un ejemplo de cómo SIDRET puede ayudar al proceso de toma de decisiones; sin embargo, la realidad es más complicada, y el entorno político-económico por lo general impide una vinculación con instancias académicas y de investigación.

E) Desarrollo de actividades académicas y de investigación

Un proyecto de las dimensiones y naturaleza del SIDRET pretende constituirse, en el mediano y largo plazo, como un punto de referencia para que la administración pública estatal y municipal encuentre información y conocimiento geoespacial para cumplir la misión y visión de las diferentes instituciones. Esta transferencia de conocimiento especializado puede realizarse toda vez que El Colegio de Tlaxcala, A. C., como institución académica y de investigación, desarrolla una serie de actividades para formar recursos humanos con capacidades y competencias en materia de inteligencia y tecnología geoespacial para coadyuvar al desarrollo regional.

Entre los elementos que en el ámbito académico y de investigación se plantean en este proyecto están:

1. Promover en los diversos sectores de la población el conocimiento científico de los procesos sociales, económicos, culturales, demográficos, políticos y del ambiente del estado de Tlaxcala y su región. En gran medida, la generación de conocimiento científico implica el manejo, análisis y modelación de datos tanto estadísticos como cartográficos. Una de las preocupaciones es tener una base amplia desde el punto de vista temático y, sobre todo, en una estructura y formato que facilite su uso por los especialistas de la institución.

2. Identificar y definir los retos relevantes que sean obstáculo en el desarrollo estatal, para realizar proyectos de investigación que contribu-yan a su superación. A mediano plazo, SIDRET deberá ser un instrumento de medición de desempeño gubernamental y de los procesos ambientales y socioeconómicos. Por ejemplo, si se tiene integrada una base de datos y mapas de diferentes fechas de la vegetación y uso del suelo, se pueden determinar tendencias y posibles escenarios para identificar aquellas áreas que en forma específica presentarán algún tipo de problema.

3. Formar profesionales e investigadores de alto nivel académico, capaces de interpretar con rigor científico la realidad local y regional, en su articulación nacional e internacional, comprometerse en su mejoramiento, a partir de la utilización de las bases de datos estadísticas y cartográficas generadas, así como la capacitación en algunos de los cursos que imparte el Coltlax.

4. La experiencia adquirida en la creación del proyecto SIDRET, la infraestructura de cómputo asociada, las bases de datos geoespaciales y, en general, todo el proyecto brindan un gran potencial para su inscripción en los programas de estudio a nivel maestría y doctorado.

Colaboración interinstitucional y multidisciplinaria

Desde el punto de vista académico este proyecto presenta una gran versatilidad por que ha permitido el establecimiento de convenios interinstitucionales con los que se han realizado intercambio de conocimientos y colaboraciones, entre ellos podemos mencionar los siguientes:

a. Con la Universidad de Quintana Roo para el intercambio de profesores
b. Con El Colegio de Michoacán A.C extensión La Piedad para impartir el Diplomado en Sistemas de Información Geográfica, con 15 asistentes y una duración de 120 horas.
c. Con la Secretaría de Fomento Agropecuario del estado de Tlaxcala, para realizar el proyecto SIG-SEFOA con una duración de seis meses.
d. Con la Secretaría de Turismo del estado de Tlaxcala para realizar el proyecto "Ubicación estratégica de anuncios publicitarios para promocionar la actividad turística en el estado de Tlaxcala".

Se realizaron diversas propuestas de proyecto que nos fueron solicitadas por varias dependencias de los gobiernos estatal y municipal, ya sea vía telefónica, mail u oficio; lo que comprueba la posibilidad de realizar una colaboración intensa interinstitucional de carácter multidisciplinario. Del mismo modo, se tienen diversas solicitudes para realizar diplomados, cursos y talleres tanto con instituciones gubernamentales como de la iniciativa privada e institucionales académicas de diferentes estados.

Títulos de tesis que utilizaron la base de datos del proyecto SIDRET:

1. *Las transformaciones territoriales en la región sur del estado de Tlaxcala* (1970-200) (Arturo Pérez Castañeda).
2. *Impacto económico en la actividad agrícola por el cambio de uso del suelo e irrigación con agua contaminada en la localidad de Panotla* (Antonio Carro).
3. *Análisis territorial de las unidades de salud y su respuesta ante accidentes de tránsito en Tlaxcala* (Ma. de Jesús Vergara Eumaña).
4. *Hacia un modelo de crecimiento ordenado de los centros de población en el estado de Tlaxcala. Un análisis comparativo desde la perspectiva de servicios públicos de 1999 a 2005* (Ramos Montalvo Vargas).
5. *Caracterización de la gestión local en la región Puebla-Tlaxcala 1992-2001* (Jorge Luis Castillo Durán).
6. *Cadenas productivas sectoriales en la zona conurbada Puebla-Tlaxcala* (Ma. Del Pilar Jiménez Márquez).
7. *Principales barreras que obstaculizan el desarrollo de PYMES* (Edgar Hernández Zavala).
8. *Aplicación del modelo de enseñanza ciencia, tecnología y sociedad*

más innovación CTS+I a la educación superior tecnológica en la carrera de Ingeniería Electrónica del Instituto Tecnológico de Puebla (Bonifacio Gómez Alonso).

9. *Actores sociales y políticas en Tlaxcala y el Desarrollo sostenible* (Gustavo Alberto González Guerrero).

10. *Las disparidades económicas espaciales derivadas del crecimiento económico en las unidades urbanas de Tlaxcala y las causas que dan origen a un desordenamiento en su territorio* (José Luis Rosas Lezama).

11. *La mujer en la administración del agua potable: un análisis de la sustentabilidad y gestión del recurso a partir del uso doméstico en el municipio de Tlaxcala.*

12. *Sistema de ciudades, centros poblados y desarrollo regional. La microregionalización en el oriente del estado de Tlaxcala.*

13. *La descentralización en Haití y sus limitaciones a nivel municipal en el marco del desarrollo local en la región sur (1995-200)* (Natasha Boyer).

F) PROYECTO AUTOSOSTENIBLE ECONÓMICAMENTE

La autosuficiencia económica de un proyecto como SIDRET no es una tarea sencilla, sobre todo, si se tiene en consideración toda una serie de características que prevalecen en las instituciones académicas y que dificultan la realización de actividades de tipo empresarial.

La estrategia que se ha pensado para lograr la autosuficiencia económica de este proyecto se basa en la comercialización de dos grandes tipos de servicios y productos: capacitación y venta de proyectos asociados a la gestión de datos geoespaciales. A partir de lo anterior, la cartera de servicios y productos se conforma de la siguiente forma:

1. Venta y generación de datos geoespaciales. Una porción de la base de datos cartográfica y estadística de SIDRET está a la venta en forma total o parcial. Los costos varían en función de 4 aspectos: costo de los datos originales en crudo, los niveles de procesamiento aplicados, valores agregados (por ejemplo: adición de atributos asociados, corrección de errores topológicos, realización de metadatos, entre otros), así como el grado de actualidad de los datos. A nivel nacional e incluso internacional se reconoce el limitado margen de utilidad que tienen las empresas e instituciones gubernamentales dedicadas a la venta de datos socioeconómicos y cartográficos. El que los datos geográficos deban ser gratuitos es una percepción generalizada por los diferentes sectores de usuarios; sin embargo en algunos casos esto no es posible si se consideran los costos asociados al mantenimiento y actualización de los datos. Dentro del concepto de venta de datos geoespaciales están la creación de nuevas capas de datos, la georreferenciación de infraestructura y servicios a través de levantamientos geodésicos y la derivación de layers que resultan del tratamiento digital de imágenes de satélite pasivas.

2. Productos de información. Se ha mencionado la facilidad con la cual SIDRET puede generar productos de información que ayuden a la toma de decisiones. En este sentido, este servicio se traduce en la generación de respuestas a preguntas concretas de índole territorial. Un ejemplo de esto lo constituye la respuesta a la pregunta ¿cuáles son las localidades del estado de Tlaxcala que tienen más de 1,000 habitantes y menos de 25,000, que se ubican sobre suelos de tipo andozol y regozol, están a menos de 2 horas de distancia de las ciudades de Tlaxcala y Apizaco y que no se ubiquen en zonas sujetas a granizadas o heladas, que además cuenten con servicios de luz y telefonía?

3. Capacitación. Se ofertan 2 tipos:

3.1. Cursos que duran de 20 a 50 horas como son:
1. Introducción a la geodesia
2. Bases cartográficas para el desarrollo de proyectos geoespaciales
3. Fundamentos de Sistemas de Información Geográfica
4. Diseño y creación de bases de datos geoespaciales
5. Análisis espacial con base en datos vectoriales
6. Análisis espacial con base en datos raster
7. Creación de servidores de datos geoespaciales
8. Fundamentos de percepción remota
9. Clasificación de imágenes de satélite pasivas
10. Introducción a los sistemas de posicionamiento global

3.2. Diplomados
1. Sistemas de Información Geográfica
2. Percepción remota
3. Gerencia d eproyectos SIG aplicados al catastro, agua potable y gestión política a nivel municipal y estatal

4. Proyectos de aplicación de inteligencia y tecnología geoespacial. Desde la culminación del proyecto SIDRET y la consolidación del CAT, se han generado más de 20 propuestas de proyectos las cuales –como se mencionó antes- fueron solicitadas por diversas vías, entre ellos podemos mencionar:

- "Atlas de la Incidencia Delictiva del estado de Tlaxcala". Presentada a COPARMEX.
- "Sistema de Información Geográfica para el análisis, atención y prevención de los accidentes de tránsito en Tlaxcala". Presentada a COPARMEX.
- "Localización de pasos y cuantificación de inmigración ilegal en la frontera Sur de México". Presentada al: Instituto Nacional de Migración. Centro de Investigaciones.
- "Localización óptima de la nueva zona industrial en el estado de Tlaxcala, Tlaxcala". Presentada a la SEDECO.
- "Análisis territorial demoscópico con SIG en Nativitas, Tlaxcala". Presentada al Municipio de Nativitas.
- "Sistema de Información Geográfica de la Secretaría de Fomento Agropecuario (SIG-SEFOA)". Presentado a la SEFOA.
- "Sistema de Información Geográfica para el Desarrollo Acuícola Estatal". Presentado a la SEFOA.
- "Atlas de la Incidencia Delictiva de los 22 municipios de la región sur del estado de Tlaxcala". Presentada a la Comisión de los 22 municipios del sur.
- "Sistema de Información Geográfica de 40 microempresas artesanales en el Estado de Tlaxcala". Presentada a la SEDECO.
- "Atlas de migración de Centroamérica a México y a Estados Unidos". Presentada a la FORD FOUNDATION.
- "Planeación estratégica para la Campaña Electoral a Senador en Panamá". Presentada al Gobierno de Panamá.
- "Análisis geoespacial de datos de clientes, e historial de transacciones bancarias a través de Sistemas de Información Geográfica". Presentada a INBURSA.
- "Estudio para la planeación integral para el saneamiento del Alto Atoyac, en el estado de Tlaxcala". Presentada a SECODUVI.
- "Ubicación estratégica de anuncios publicitarios para promocionar la actividad turística en el estado de Tlaxcala". Presentada a SECTUR.
- "Propuesta para la creación de un Centro de Inteligencia Geoespacial en Mérida, Yucatán al interior de la Facultad de Arquitectura de la Universidad Autónoma del Estado de Yucatán (FAUADY)". Presentada a la Facultad de Arquitectura y Diseño de la Universidad de Yucatán.
- "Determinación del crecimiento de la Cd. de Tlaxcala para el periodo 1700-2004-2015".
- "Sistema de capacitación para el análisis de información geográfica sobre recursos naturales en el estado de Tlaxcala".
- "Sistema de Información Geográfica para la Secretaría de Fomento Agropecuario".
- "Ubicación estratégica de anuncios publicitarios para promocionar la actividad turística en el estado de Tlaxcala".

Es importante mencionar que muchas de estas propuestas no se realizaron debido a problemas de dos tipos: políticos y económicos, situación que ha prevalecido en el estado, y que, estamos seguros, será diferente en el mediano plazo, ya que SIDRET no ha dejado de realizar seminarios de difusión de la importancia y utilidad de las tecnologías geoespaciales para solucionar problemas de tipo territorial.

G) Indicadores de éxito

El proyecto SIDRET contempla la definición de una serie de indicadores que determinen con exactitud el impacto de este proyecto en cuanto a la modificación de la realidad, en el sentido de resolver problemas territoriales y coadyuvar a la planeación estratégica. Los indicadores que se han definido son los siguientes:

- Personas capacitadas en el aspecto teórico, metodológico y prácticas a partir de los productos del proyecto SIDRET.
- Instituciones de gobierno a nivel federal, estatal y municipal que han recibido información acerca de los productos y beneficios del proyecto SIDRET.
- Personas del ámbito académico (alumnos e investigadores) que han recibido información acerca de los productos y beneficios del proyecto SIDRET.
- Ingresos económicos obtenidos a la fecha por concepto de la venta de productos y servicios.
- Productos de información generados a solicitud de usuarios.
- Tomas de decisión documentadas y en las cuales se haga patente el uso de SIDRET como herramienta para la generación de información y conocimiento de soporte en la toma de decisiones.
- Artículos publicados.
- Libros publicados.
- Ponencias realizadas.
- Tesis de licenciatura, maestría y doctorado que han empleado productos del proyecto SIDRET.
- Proyectos realizados a partir de los productos de SIDRET.
- Usuarios que han accesado al servidor de datos geoespacial.
- Convenios realizados con instituciones gubernamentales y académicas con el propósito de intercambiar datos estadísticos y cartográficos.

Una infraestructura de datos geoespaciales (IDE) se concibe como una "Colección básica pertinente de tecnologías, políticas y disposiciones institucionales que facilitan la disponibilidad y el acceso a los datos espaciales. Una IDE incluye datos geográficos y atributos, documentación (metadatos), un medio para descubrir, visualizar y evaluar los datos (catálogos y mapeo por la red) y algún método para proporcionar acceso a los datos geográficos. Para que una IDE sea funcional, también debe incluir los acuerdos organizativos necesarios para coordinarla y administrarla a una escala local, regional, nacional o transnacional" (Spatial Data Infraestructure Cookbook, 2000).

H) SIDRET: Hacia la Construcción de la Infraestructura de Datos Geoespacial Estatal

A la fecha, es cada vez más frecuente escuchar acciones y resultados en torno a la gestión de proyectos de infraestructuras de datos geoespaciales. La razón estriba, fundamentalmente, en la importancia que tienen las IDE para incrementar la calidad de vida de la población. En forma conceptual una nación se soporta en tres ejes: territorio, población y todo un marco legal que propicia un desarrollo armónico, e idealmente, sustentable. Conocer con detalle las características del territorio y de la población permite analizar en una dimensión justa y precisa las mejores alternativas para solucionar problemas y, principalmente, realizar una planeación estratégica. Las IDE entonces revelan su papel al ser instrumentos que favorecen la generación de información y conocimiento para sustentar las decisiones políticas con el mejor costo-beneficio.

El proyecto SIDRET es, sin lugar a dudas, un desarrollo geotecnológico de vanguardia en el estado de Tlaxcala. Como se ha detallado en apartados anteriores tiene la base de datos estadística y cartográfica más desarrollada y exhaustiva a diferentes niveles de desagregación territorial. Las tecnologías empleadas en la actualidad favorecen la realización de tareas para descubrir, visualizar y evaluar los datos en múltiples propósitos. Así, SIDRET es más que un repositorio de datos cartográficos y estadísticos. Si sumamos las acciones que se han hecho para facilitar el manejo y análisis de esos datos, a través, por ejemplo de cursos de capacitación gratuitos, construcción de servidores cartográficos, metodologías para el empleo de programas de cómputo *open source*; con esto se tiene claro que el fin es que se produzca información.

La información es un requerimiento para que los usuarios, en sus necesidades específicas, la sumen con experiencias particulares y la conviertan en conocimiento, elemento básico para poder definir acciones que deben ser realizadas o aplicadas en el mundo real para proveer de beneficios a la sociedad. Nuevamente, se insiste en reconocer la importancia que tienen las IDE y, en particular, el caso del proyecto SIDRET. Sin embargo, hace falta un largo camino para que el proyecto SIDRET sea reconocido como una IDE.

SIDRET es una isla, una iniciativa, un proyecto conocido por muy pocas autoridades. Es un proyecto, único a nivel estatal, de gran utilidad para satisfacer los requerimientos de datos e información geoespacial por parte del gobierno y de la iniciativa privada; puede llegar a facilitar la realización en forma rápida, económica y eficiente de proyectos de ordenamiento territorial, proyectos de desarrollo urbano y regional o planes de desarrollo municipal; incluso atlas municipales de riesgos. Para llegar a ser una IDE son requeridos esfuerzos, que a continuación se describen:

Una estrategia en materia de educación es esencial. Es importante y trascendental la inteligencia y tecnología geoespacial y, sobre todo, las IDE, pero casi nadie lo sabe. SIDRET entonces tiene mucho que hacer en esta línea, y cuenta ya con algunas experiencias en materia de cursos, diplomados, seminarios y, sobre todo, en sensibilizar a actores sobre la importancia de un proyecto de corte geoespacial.

La definición y realización de un marco institucional es otro gran paso que debe ser realizado, quizá es el más complicado. Una IDE es un ente dinámico, que debe crecer, debe estar continuamente alimentado de datos, estándares, procesos; y esto se logra a partir de acuerdos interinstitucionales. SIDRET entonces deberá vincularse con las instituciones de gobierno estatal, municipales, e incluso, de orden federal para definir los mecanismos que permitan la transformación de SIDRET a una IDE estatal.

Un tercer y último elemento requerido por SIDRET para llegar a ser una IDE es el estar soportado por políticas gubernamentales que le confieran una sustentabilidad a mediano-largo plazo y políticas encaminadas a su aplicación para lograr el objetivo final de incrementar la calidad de vida de los tlaxcaltecas.

CONCLUSIONES

CONCLUSIONES

La transformación del medio geográfico es un hecho inédito y de complejidad creciente debido, principalmente, a la interrelación de una infinidad de procesos socioeconómicos en una escala global con repercusiones a nivel local. La necesidad de conocer, analizar y modelar el territorio es, en la actualidad, una condición crucial para el éxito de cualquier actividad que el hombre emprenda; por ello, la sociedad moderna reconoce en los sistemas de información geográfica la piedra angular para comprender y construir las soluciones a los desafíos que plantea la aldea global.

En el contexto nacional se identifican problemáticas recurrentes, para las cuales aún no se implementan soluciones definitivas en ámbitos como el desarrollo urbano, la seguridad pública, el transporte, la protección civil, el abasto alimentario, el ordenamiento ambiental y los procesos asociados a una democracia en consolidación, que como temas de alto impacto social requieren de atención inmediata. En respuesta a estas condiciones, nuestro país demanda la formación de cuadros de profesionales, especializados en el abanico geotecnológico, que aborden la implementación de sistemas de información geográfica de última generación con una nueva visión.

Existen avances en el diseño e impartición de algunos programas de estudio relacionados con el tema, sin embargo, la mayoría de estos se basan en una tradición centralista a la cual le falta una perspectiva regional y una vocación local. Coligado a esto, la mayor parte de las instituciones de educación superior de las entidades federativas (provincias) del país no cuentan dentro de su oferta educativa con programas de licenciatura o posgrado que proyecten la formación y la especialización de profesionistas que puedan colaborar activamente en la solución definitiva de problemas espaciales así como participar en la toma de decisiones.

Ante este escenario, de no acelerar en forma eficiente y eficaz el desarrollo geotecnológico, la brecha digital en nuestro país se hará cada vez mayor con relación a las economías emergentes y más aún, con respecto a los países líderes en el desarrollo tecnológico. En estas entidades es necesario ampliar esfuerzos para incorporar la tecnología geoespacial en el proceso de solución de problemas territoriales e incluso, para la creación de un mercado de servicios hacia la administración pública local, en la iniciativa privada y en otras organizaciones de la sociedad. El uso de la tecnología geoespacial en México ha iniciado tarde y la rapidez con que se desarrollan nuevos conceptos, métodos y tecnologías obliga a una reingeniería del pensamiento académico ante la perspectiva del rezago y la marginación tecnológica

Las autoridades de algunos estados del país reconocen la importancia de la tecnología SIG como herramienta crítica para cumplir con su visión y su misión. Organizaciones privadas desarrollan proyectos geotecnológios para reducir costos y toman en consideración el territorio como el elemento sobre el cual realizarán operaciones. Entre más información y conocimiento tengan respecto del territorio, mayor dominio tendrán sobre el mercado y podrán emprender acciones (por ejemplo el geomarketing para la repartición de bienes y servicios) con mayor eficiencia y eficacia.

A un nivel global es donde diversas contradicciones son evidentes: mientras corporaciones multinacionales, grandes empresas así como entidades gubernamentales y universidades han adoptado y reconocido a las tecnologías de información y comunicación como esenciales y hasta críticas para el cumplimiento de sus mandatos estratégicos, en México todavía una gran mayoría de organizaciones están en etapas incipientes de adopción de dichas tecnologías y otras, aún aquellas con un grado de adopción relativo, no han desarrollado estrategias para explotar las ventajas de estas tecnologías para mejorar procesos, generar soluciones y obtener resultados con el mejor costo-beneficio. Es en el contexto internacional donde las tecnologías de información y comunicación juegan un papel relevante para el incremento de la competitividad y la toma de decisiones estratégica, camino que debe, en el corto plazo, ser adoptado en forma sistemática en nuestro país.

La aprehensión y el desarrollo de los sistemas de información geográfica es un proceso complejo, desde el concepto mismo de creación de las bases de datos. Mientras que en sistemas bancarios, comerciales y de administración en general, los datos se producen y se almacenan en el momento en que opera la organización (por ejemplo el cajero de un banco introduce datos como parte esencial de sus funciones), un sistema de información geográfica demanda de procesos hipercomplejos y necesita de una mayor especialización por parte de los usuarios. De aquí la necesidad de precisar que un proyecto de información geográfica es de mucho mayor alcance con relación a proyectos de sistemas de información tradicionales; sobre todo en lo que se refiere al manejo, análisis y modelación de datos geoespaciales.

Realizar proyectos SIG exitosos requiere cambiar esquemas metodológicos y de creencias actuales. La tecnología: hardware, software y comunicaciones, deben ser vistos como los elementos menos importantes; en su lugar se debe dar máxima prioridad a los factores de datos, personal, procesos y estructura socio-organizativa de soporte para generar resultados, estratégica y tácticamente definidos con precisión. A la fecha, es evidente apreciar el caso de subutilización tecnológica en proyectos SIG. Esto, incluso, debe ser reconocido como una recomendación para los programas de capacitación en la materia: ponderar la parte conceptual y metodológica sobre la parte tecnológica.

Los proyectos SIG que se explicaron en el texto y que permitieron desarrollar el apartado de ejemplos de aplicación geotecnológica, se consideran como puntos de referencia para proyectos similares. El balance entre costos de elementos requeridos para un proyecto geotecnológico coincide con lo señalado por especialistas en la materia (alrededor del 70% de costos directos e indirectos corresponden a datos). Un factor estructural que debe considerarse para que un proyecto SIG permanezca y evolucione al interior de una organización es que el proyecto figure en la propia estructura socio–organizativa. La posición de la figura responsable de un proyecto llámese: departamento, gerencia o dirección de la organización, ésta en función del valor estratégico del proyecto.

Así, la nueva visión que se propone en Consideraciones conceptuales sobre los Sistemas de Información Geográfica es incentivar una perspectiva más gerencial que técnica con respecto a una base conceptual, metodológica y práctica de los sistemas de información geográfica. Esta línea gerencial se considera que debe ser desarrollada en forma exhaustiva y profunda por el valor que representa para dirigir adecuadamente un proyecto. La planeación estratégica, dirección y administración de proyectos, así como los temas de gerenciamiento (management) deben ser asociados y desarrollados según el contexto de los sistemas de información geográfica para garantizar resultados acordes a las expectativas de una alta dirección. Esta situación debe valorarse como crítica y más aún, en no pocos casos, en el que los proyectos SIG se consideran de alto riesgo por un balance inadecuado en el costo-beneficio.

Es claro que la inercia de la tecnología geoespacial conlleva riesgos y tendencias, resultado de grandes disparidades entre los centros productores y desarrolladores y las áreas que pretenden apropiar y adoptar solo los elementos geotecnológicos sin considerar las notables desigualdades del contexto humano, organizacional, político y socio-económico. Cuestiones importantes se presentan respecto de cómo contextualizar la tecnología SIG; adoptarla, aplicarla y hacerla evolucionar para coadyuvar al desarrollo sustentable de nuestro país y del quehacer de sus organizaciones, en un futuro que recién comienza, es el nuevo horizonte.

FUENTES DE CONSULTA

- **Abdul** Jalil Abdul Majid y Zuhairi Hashim. 1996. "Geographic Information Systems Achievements at Ipoh City Council: An Experience at Local Authority in the Developing Country", en Conference Proceedings. Ninth Annual Genasys Conference. E.U.A. pp. 69-87.

- **Aguilar** Xóchitl Miguel, Gustavo Casas-Andreu, Marco A. Gurrola H., José Ramírez Pulido, Alondra Castro Campillo, Ulises Aguilera Reyes, Octavio Monroy Vilchis, Eduardo O. Pineda Arredondo, Noemí Chávez C. 1997. *Lista taxonómica de los vertebrados terrestres del Estado de México.* Facultad de Ciencias. UAEM. Toluca, México. pp. 7-53.

- **Albanese**, Andrés y Raúl Rojas. 1995. "Supercarreteras de la información", en Ciencia y Desarrollo. Conacyt. Julio/agosto de 1995. Volumen XXI. Número 123. México. pp.

- **Alcérreca**, A. C., J.J. Consejo, O. Flores Villela, D. Gutiérrez, E. Hentschel, M. Herzig, R. Pérez.GIL, J. M. Reyes y V. Sánchez. 1988. "Fauna silvestre y áreas naturales protegidas", en CEMEX. 1996. Diversidad de fauna mexicana. México. 191 pp.

- **Antenucci**, C. John, Kay Brown, Peter L. Croswel, Michael J. Kevany y Hugh Archar., 1991. *Geographic Information Systems. A guide to the technology.* Ed. Van Nostrand Reinhold. New York, E.U.A. 301 pp.

- **Araya**, Francisca. "El SIG de Entel Chile", en Geoinformación, No. 5, mayo-junio de 1999. Pp. 31-33.

- **Aronoff**, S. 1993. *Geographic Information Systems: A Management Perspective.* Ed. WDL Publications. Canadá. 294 pp.

- **Autodesk**. 1998. AutoCAD Map Release 3. User´s Guide. E.U.A. 728 págs.

- **Azuara**, Monter Iván y Arturo Ramírez Hernández. "Tecnologías y manejo de información geográfica en bioconservación", en Ciencia y Desarrollo. Conacyt. Septiembre/Octubre de 1994. Vol. XX. Núm. 118. México, D.F. pp. 58-65.

- **Bernhardsen**, Tor. 1999. *Geographic Information Systems. An Introduction.* Segunda edición. Ed. John Wiley & Sons, Inc. Noruega. 372 págs.

- **Bocco**, Gerardo, José L. Palacio y Carlos Valenzuela. 1991. "Integración de la percepción remota y los sistemas de información geográfica", en *Ciencia y Desarrollo.* Conacyt. Marzo-Abril de 1991. Vol. XVII. Núm. 97. México, D.F. pp. 79-88.

- **Bocco**, Gerardo. y José L. Palacio. 1996. "Los sistemas de Información Geográfica en México. Una evaluación de su desarrollo", en I Foro sobre aplicaciones de los Sistemas de Información Geográfica. Ponencias. México. pp. 183-187.

- **Bosque**, Sendra Joaquín. *Sistemas de Información Geográfica.* Madrid. Ediciones Rialp S.A. 1992. 451 pp.

- **Burrough**, A. 1986. *Principles of Geographical Information Systems for Land Resources Assessment.* Oxford, Londres. Ed. Clarendon Press.193 pp.

- **Cámara, U. J**. 1994. Diseño e implementación de una base de datos geográfica para la evaluación del riesgo natural en el Estado de México. Facultad de Geografía. Inédito. pp 6.

- **Carabias**, Julia. 1995. *Hacia un manejo integrado.* CIENCIAS. Especial 4. México. pp 75-81.

- **Casas, A. G.**, et al., 1994. *Herpetología del Estado de México. Taxonomía, distribución y conservación.* Proyecto de Investigación. Inédito. Centro de Investigación y Estudios Avanzados en Recursos Bióticos, Escuela de Ciencias, UAEM.

- **Casas**, Alejandro y Julia Carabias. 1993. "A la búsqueda de un modelo de desarrollo sustentable". en, La Jornada Ecológica. Año 2. Núm. 22. Jueves 10 de Junio de 1993. México, D.F. pp. 15-16.

- **Castellanos**, Fajardo L. 1993. *Sistemas de Información Geográfica.* Tesis Profesional para el título de Ingeniero en Computación. México. 176 pp.

- **Castillo** Villanueva, Lourdes e Iturbe Posadas, Antonio. 2003. La calidad en bases de datos geográficas digitales vectoriales: una revisión conceptual y práctica para el caso del estado de Quintana Roo, en: Revista CaosConciencia. Año 1. No. 1. Primera Época. México. Pág. 103-114.

- **CEMEX**, S.A. de C.V. 1996. *Diversidad de fauna mexicana.* México. 191 pp.

- **CIAT** (Centro Internacional de Agricultura Tropical), World Bank, UNEP. 1998. *Indicators of rural sustainability: an outlook for Central America.* Memorias del Taller. Workshop Memories. Cali, Colombia. Documento digital, disponible en: www.ciat.cgiar.org/indicators/wbank/taller.htm

- **CONABIO** (Comisión Nacional para el Conocimiento y Uso de la Biodiversidad). *Lineamientos indicativos para proyectos relativos al conocimiento de los recursos biológicos de México.* 3er. Convocatoria. México, D.F. 1995.

- **Conservación Internacional**. 1992. Departamento de Ciencia y Coope-ración Técnica. CISIG. Manual del Usuario. EUA. 225 pp.

- **Contreras** Garduño Lorenzo; Núñez Salazar Joel; Rodríguez Moreno Octavio; GómezTagle Francisco Juan Manuel y Laredo Santín Juan Manuel. 1997. *Estadística. Texto y cuaderno de ejercicios.* UAEM. México.
- **Conv97**.htm en www.conabio.gob.mx. Enero de 1997

- **Cook**, K., A. Faulkner, K. Hall, P. Mooney, M. Healey y H. Schreier. 1994. "A georeferenced information system for environmental sensitive area assesment", en Polaris Sysposium Proceeding. Decesion making with GIS. The fourth dimension. GIS 94. Vol. I. Vancouver, Canadá. pp. 27-33.

- **Csuti**, Blair. 1994. "Methods for developing terrestrial vertebrate distribution mapas for gap analysis", en: A Geographic Approach to Planning for Biological Diversity. National Biological Survey Gap Analysis Program. Handbook. USA. Data Layers. 2.1-2.19.

- **Chrisman**, Nicholas. 1997. *Exploring Geographic Information Systems.* Ed. John & Wiley Sons, Inc. University of Washington. EUA. 298 págs.

- **Chuvieco**, Salinero Emilio. 1996. *Fundamentos de Teledetección Espacial.* Tercera Edición. Editorial RIALP S.A. Madrid. 568 págs. pp. 58

- **Davis**, Frank W., David M. Stoms, John E. Estes y Joseph Scepan. 1990. "An information systems approach to the preservation of biological diversity", en: William J. Ripple (Editor). 1994. The GIS Applications Book. Examples in Natural Resources: a compendium. America Society for Photogrametry and Remote Sensing. pp. 307-330.

- **Dent**, D. Borden. 1995. *Principles of thematic map design.* Ed. Adisson-Wesley. EUA. 398 pp.

- **Díaz**, C. Luis Rafael (Compilador). 1992. *Sistemas de Información Geográfica.* UAEM. Facultad de Geografía. Toluca, México. 381 pp.

- **Domínguez**, Tejeda E. M.; Iturbe, Posadas, Antonio y Reyna, Sáenz, Francisco. 1998. *Sistema de Información Geográfica para el inventario y análisis de los recursos bióticos del Estado de México.* Tesis de licenciatura. Facultad de Geografía, UAEM. México. 350 páginas.

- **Easterfield**, Mark E., Richard G. Newell y David G. Theriault. Version Management in GIS. Applications and Techniques. Egis '90 Conference Proceedings. Amsterdam. 1990.

- **Eastman**, R. J. 1992. IDRISI. User's Guide. Version 4.0. Clark University. Graduate School of Geography. EUA. Tomo I. 178 pp.

- **Ecological** Consulting. 1993. *Computer Aided Mapping and Resource Inventory Sistems.* Oregon,EUA. 34 pp.

- **ECOPETROL** (Empresa Colombiana de Petróleos). 1998. *Estándar de Metadatos de Información Geográfica* (versión 3.0). Colombia. 57pp.

- **Environmental** Systems Research Institute 1992(e). Arc/INFO. *Data model, concepts and key terms. The Geographic Information System Software.* Redlands, California, EUA. p. 1-9.

- **Environmental** Systems Research Institute. 1990. pc Arc/INFO Starter Kit. User's Guide. Cap 3 PC ARC/INFO concepts. California, EUA.

- **Environmental** Systems Research Institute. 1991. *Understanding GIS. The ARC/INFO Method.* California, EUA.

- **Environmental** Systems Research Institute. 1992(a). *Dynamic Segmentation. Arc/INFO user's guide.* California, EUA.

- **Environmental** Systems Research Institute. 1992(b). pc- Arc/INFO. Technical Guide to Hardware Options. Versión 3.4D Plus. California, EUA. 60 pp.

- **Environmental** Systems Research Institute. 1992(c). GRID 6.0. Command References. California, EUA.

- **Environmental** Systems Research Institute. 1992(d). ArcCAD. User Guide. California, California, EUA. 6-7 pp.

- **Environmental** Systems Research Institute. 1994. Arc/INFO. Map Book 1993. California, California, EUA. 156 pp.

- **Environmental** Systems Research Institute. White papers Series. Arc Facilities Manager (ArcFM). A Powerful New ARC/INFO Based Application for Utilities. California, EUA. January 1995.

- **Environmental** Systems Research Institute. White papers series. Prototyping AM/FM/GIS Applications. California, EUA. January 1995.

- **Environmental** Systems Research Institute. 2001. Groundbreaking book investigates the foundations., issues and uses of GIS, en: ArcNews. Vol. 23. No. 2. Summer. California, EUA.

- **Fabián** Ancarola, Marcelo. 1999. Proyecto Ortofotocarta Digital "Ciudad de Buenos Aires", en Revista Cartográfica, Número 68, enero-junio de 1999, Instituto Panamericano de Geografía e Historia. México. Pág. 51-59.

- **Facultad** de Geografía. 1996. I Foro sobre aplicaciones de los Sistemas de Información Geográfica. Ponencias. México. 187 pp.

- **FGDC** (Federal Geographic Data Committee) 1994. *Content Standars for Digital Geoespatial Metadata.* June 8, 1994. EUA, en **www.fgdc.gov/clearinghouse/** train/background.html

- **FGDC** (Federal Geographic Data Committee) 1997. gdc@usgs.gov. 10 de Septiembre de 1997. EUA.

- **FGDC** (Federal Geographic Data Committee) 2000. Content Standard for Digital Geospatial Metadata Workbook (for use with FGDC-STD-001-1998). Version 2.0. National Spatial Data Infraestructure. Reston, Virginia. 126 págs.

- **Flores**-Villela, Oscar y Patricia Gerez Fernández. 1989. *Conservación en México: síntesis sobre vertebrados terrestres, vegetación y uso del suelo.* México. INIREB. 302 pp.

- **Franco**, Maass, S. 1993. "Contradicciones actuales de las cartografía automatizada en México", en Ciencia Ergosum. Año 1. Vol 1. UAEM, Toluca, México.

- **Fuentes** Aguilar, Luis. 1989. *Técnicas en Geografía Médica.* Ed. Limusa. México. 210 págs.

- **Gobierno del Estado de México**. Secretaría de Desarrollo Agropecuario, Protectora de Bosques y SEMARNAP (Secretaría de Medio Ambiente Recursos Naturales y Pesca) , Delegación Federal en el Estado de México. 1995. *Programa de desarrollo forestal sustentable del Estado de México.* pp. 143-144.

- **Genasys**. 1996. Data Sources Seminar, 1996. Genasys Conference. An Expo for Users and Developers. Ninth Annual Reunion for Genasys Users. Fort Collins, Colorado, EUA.

- **George**, Pierre. 1970. Texto incluido en la Presentación del Atlas y Geografía de Colombia, 1989. Círculo de Lectores. Bogotá, Colombia. 136 págs.

- **González**, Trápaga Ma. Arcelia. 1992 (a). "Vegetación. Mapa No. 9", en Atlas Escolar del Estado de México. Gobierno del Estado de México. pp. 38 y 39.

- **González**, Trápaga Ma. Arcelia. 1992 (b). "Fauna. Mapa No. 10". en Atlas Escolar del Estado. Gobierno del Estado de México. pp. 40 y 41.

- **González**, Trápaga Ma. Arcelia. 1995. "Análisis funcional del sistema de áreas naturales protegidas del Estado de México", en Foro de Investigación 1994. Bases teórico metodológicas de los proyectos de investigación. Facultad de Geografía. UAEM. Toluca, México. pp. 27-33.

- **Goodchild**, M. and Gopal S (editores). 1989. *Accuracy of spatial databases.* Londres. Ed. Taylor & Francis.

- **Graham**, L. and Gallion, Charles. 1996. "Image processing under Windows NT. A comparative review", in: GIS WORLD, vol. 9, no. 9. September 1996. pp. 36-44.

- **Guevara**, J. A. 1987. "Guía para la implementación de un SIG para la planificación regional y nacional", en I Conferencia Latinoamericana sobre Informática en Geografía. Ed. Universidad Estatal a Distancia. Costa Rica. pp. 301-321.

- **Guevara**, J. A. 1992. "Esquema metodológico para el diseño e implementación de un Sistema de Información Geográfico", en 9° Congreso Nacional SMFFYG. Guadalajara, México. pp. 63-73.

• **Guimet**, Pereña, J. 1992. *Introducción Conceptual a los Sistemas de Información Geográfica. (S.I.G.).* Madrid. Ed. Comgrafic/Litosmap, S.A. 137 pp.

• **Gutiérrez** Puebla, Javier y Gould, Michael. 1999. SIG: *Sistemas de Información Geográfica.* Serie Espacios y Sociedades. Editorial Síntesis. España. 251 págs.

• **Guzmán**, Ana Luisa. 1993. "El conocimiento de la biodiversidad en México", en La Jornada Ecológica. Año 2. Núm. 22. Jueves 10 de Junio de 1993. México, D.F. pp. 4-5.

• **Haslett**, John R. 1990. "Geographic Information Systems: A New Approach to Habitat Definition and the Study of Distributions", en Trends in Ecology and Evolution. Vol. 5. No. 7. pp. 214-218.

• **Hassan**, M. H. et al., 1992. *Natural Resource and Environmental Information for Decisionmaking.* The World Bank Washington, D.C. Washington, E. U. A. 164 pp.

• **Hernández**, M. P., et al., 1994. "La colección herpetológica de ECOSUR y su contribución al conocimiento de la herpetofauna en Chiapas", en III Reunión Nacional de Herpetología. Resúmenes. p. 39.

• **Hoehn**, P. and Larsgaard M. 1996. *Dictionary of Abbreviations and acronyms in Geographic Information Systems, Cartography, and Remote Sensing. UC Berkeley Library Web,* en http:// www.lib.berkeley.edu/ 51 pp.

• http://mapserver.inegi.gob.mx/geografia/espanol/normatividad/diccio/mod_vec. pdf

• http://www.digitalglobe.com/

• http://www.einet.net/editors/john-beadles/introgps.html

• http://www.lidar.com
• http://www.merrick.com/

• http://www.utexas.edu/depts/grg/gcraft/notes/gps/gps.html

• **Hurn**, Jeff. 1989. *GPS. A guide to the Next Utility.* Trimble Navigation Ltd. USA. 76 págs.

• **Huxhold**, E. W. 1991. *An Introduction to Urban Geographic Information Systems.* Oxford. New York, EUA. 337 pp.

• **Huxhold**, E. W. y Levinsohn, A. G. 1995. *Managing geographic information system projects.* New York. Oxford University Press. EUA. 247 pp.

• **IGECEM**. (Instituto de Información e Investigación Geográfica, Estadística y Catastral del Estado de México) 1994. Atlas General del Estado de México. Tomo 1.

*   **IGECEM**. (Instituto de Información e Investigación Geográfica, Estadística y Catastral del Estado de México) 1995. *Carta Geográfica del Estado de México*. Escala 1:250,000.

*   **INEGI** (Instituto Nacional de Estadística, Geografía e Informática). 1993. Base de datos geográfica. Modelo de datos vectorial. México. 126 p.

*   **INEGI** (Instituto Nacional de Estadística, Geografía e Informática). 1994. *La nueva red geodésica nacional, 1994: Tecnología de Vanguardia*. Aguascalientes, México. 17 págs.

*   **Información** Científica y Tecnológica. 1993. Volumen 15. México. Número 200. pág. 36-37.

*   **Jamilla**, Sonja y August Peter. 1996. "Capture digital imagery for your GIS", en GIS WORLD. Vol. 9. No. 9. September 1996. Estados Unidos. pp. 50-51.

*   **Joly**, Fernand. 1979. *La Cartografía*. Ed. Ariel. España. 280 pp.

*   **Korte**, George. 2001. Trends in Spatial Database Technology. NITAAC's Government Technology Solutions 2001. EUA. Documento obtenido de: www. fcw.com/vendorssolutions/nih/gis.asp

*   **Krasnopeyev**, Sergei, Alexander Sheliakov y Valeri Kulikov. "Amur Tiger Conservation Plan. Advances in Russian Far East", en ARC News Summer 1996. Vol. 18. No. 2. ESRI. New York. pp. 18-19.

*   **Lira**, Jorge. 1997. *La percepción Remota. Nuestros ojos desde el espacio*. Colección La Ciencia para Todos. Texto número 33. Ed. Fondo de Cultura Económica. Pág. 11-54. México.

*   **López** Blanco, Jorge. 1998. "Sistemas de Información Geográfica (SIG): conceptos definiciones y contexto metodológico que involucra su uso", en: Quivera. Revista de estudios terrioriales. Año 1. Número 0. pág. 27-38. México.

*   **Lucas** P.H.C. 1990. "Parks and Sustainable Development: a global perspective Parks" Vol. 1. No. 1. 1990. IUCN, 3-8 pp. en Anuario de Geografía N°2. "Parques y Desarrollo Sostenible: perspectiva global". 1994.: Georgina Sierra Domínguez (Traductor). Facultad de Geografía, UAEM. Toluca, México. pp. 33-36.

*   **Luchmaya**, A.; Dwoltzky, B. y Meyer, A. S. 2002. "Using terrain information in an electrification planning tool", en: Team Geomedia Online Research Library (www.intergraph.com). University of Witwatersrand. School of Electrical and Information Engineering. 5 págs.

*   **Luna**, González Laura. 1997. Los sistemas de información geográfica: una alternativa para el análisis socioespacial de los accidentes de tránsito. Propuesta metodológica. Tesis de Maestría. Instituto de Geografía. UNAM. México. 138 pp.

- **Llamas**, José y Raymundo Garrido. 1997. "Manejo integral de cuencas rurales", en Contribuciones al manejo de los recursos hÍdricos en América Latina. UAEM. México. pp. 370-395.

- **Llorente**, Bousquets Jorge. 1993. "Conocimiento y recursos humanos para la biodiversidad". en La Jornada Ecológica. Año 2. Núm. 22. Jueves 10 de Junio de 1993. México, D.F. p. 6.

- **Madrigal** Uribe Delfino y Ma. Arcelia González Trápaga. 1993. "Los grandes cambios ambientales en el territorio del Estado de México", en Memoria del 1er. Coloquio Geográfico sobre América Latina y IX Simposio Mexicano Polaco. Facultad de Geografía. UAEM. Toluca, México. pp. 166-172.

- **Madrigal** Uribe Delfino y Ma. Arcelia González Trápaga. 1994. "Los contrastes económico regionales y la estructura de las reservas naturales en México", en Anuario N°2. Facultad de Geografía. UAEM. Toluca, México. pp. 3-11.

- **Madrigal** Uribe Delfino. 1992. "Ubicación y características generales del Estado de México", en Atlas Escolar del Estado de México. Gobierno del Estado de México. México. p. 13.

- **Malczewski**, Jacek. 1999. *GIS and Multicriteria Decisión Analysis.* Ed. John Wiley & Sons, Inc. Canda. ISBN 0-471-32944-4. 392 págs.

- **March**, J. Ignacio y Sergio Midence. "Guía práctica para el uso de Sistemas de Información Geográfica y sensores remotos en el estudio y manejo del hábitat de fauna silvestre", en Flora y fauna silvestres. FAO, PNUMA. Septiembre/Diciembre de 1989. Ano 3. Num. 11. pp. 28-32.

  March, J. Ignacio, A, Navarrete, D., Macías, C., Alba, M. P., Fuller, M., Utrera, M.E., Domínguez, R., Vidal, R. M., Bubb, P., Reyes, I. e I. Fuen-tes, 1995. Evaluación y análisis geográfico de la diversidad faunística de Chiapas (Primera Etapa). El Colegio de la Frontera Sur-ECOSFERA-Pronatura: Chiapas. Informe final para la Comisión Nacional para el Uso y Conocimiento de la Biodiversidad. San Cristóbal de las Casas, Chiapas. pp 337.

- **March**, M. I. y Midence, S. 1989. "Guía práctica preliminar para el uso de Sistemas de Información Geográfica y sensores remotos en el estudio y manejo del hábitat de fauna silvestre", en Flora y fauna silvestres. Año 3. N°11. Septiembre-diciembre de 1989. Costa Rica. pp 28-33

- **Martin**, David. 1991. *Geographic Information Systems and Their Socioeconomic Aplication.* Ed. Routledge. Routledge Geography, Environment and Planning Series. Edited by Neir Wrigley. Londres. pp 182.

- **Microsoft** Corporation. 1992. *Getting Started. Microsoft Access. Relational Database Management System for Windows.* EUA 176 pp.

- **Montgomery**, G. E. and Shuch, H. C. 1993. *GIS Data Convsersion Handbook*. Ed. GIS World Inn. Colorado. EUA. 292 págs.

- **Morales**, Méndez Carlos. 1992. "Mapa de climas", en Atlas Escolar del Estado de México. Gobierno del Estado de México. pp. 28, 29 y 33.

- **Muñoz**, A. A., et al., 1994. "Biodiversidad del Estado de Chiapas, México: su herpetofauna como caso de estudio", en III Reunión Nacional de Herpetología. Resúmenes. p. 39.

- **Negroponte**, Nicholas. 1995. *Ser digital*. Ed. Atlántida Océano. México. 261 págs.

- **Nero**, M. A., y Cintra, J. P. 2002-Febrero. "Digitalización de mapas: estudio comparativo de metodologías", en: Congreso Internacional de Cartografía y Geodesia. ANAIS. Caracas-Venezuela.

- **Newell**, Richard G. y Tom L. Sancha. "The Difference Between CAD and GIS. En: www.smallworld.co.uk/technology/tech/tech_cadgis.asp. 1999. Pp. 10.

- **Olsenholler**, Jeff. 1997. *Find the Right Fit. How to select the best data collection strategy*. GIS World Inc. EUA. Págs. 52-53.

- **Ortiz**, F. M., et al., 1994. "Conformación de una colección científica regional y el apoyo del programa ACCESS en el manejo de información", en III Reunión Nacional de Herpetología. Resúmenes. p. 31.

- **Owen**, Oliver. 1986. *Conservación de recursos naturales*, Editorial.Pax- México. México. pp. 11-18

- **Owen**, Peter. "GIS al servicio de las telecomunicaciones" (Adaptación). Geoinformación, No. 5, mayo-junio de 1999. Pp. 26-30.

- **Palacio**, P. J.; Luna, G. L.; Morales, L. M.; Backhoff, M. A.; Vázquez. P. J.; 1995. "Generación de bases digitales para el inventario de carre-teras y atributos asociados; digitización manual y automática y posicionamiento global por satélite (GPS)", en Geografía y Desarrollo. Revista del Colegio Mexicano de Geografía, A. C. Año 6. Número extraordinario 12. Septiembre 1995. pp. 81-102.

- **Palacio**, Prieto José Luis y Laura Luna González. 1993. *Sistema de Información Geográfica: Introducción al manejo del Integrated Land and Water Management Information System (ILWIS)*. Version 3.0. UNAM. México. 65 pp.

- **Palmer**, Trent y Shan, Jeffrey. 2002. "A comparative study on urban visualization using LIDR data in GIS". URISA Journal. Vol. 14 No. 2. Pág. 19-25. Estados Unidos.

- **Payno**, S. C. 1992. "Una metodología para el desarrollo de Sistemas de Información Geográfica, en Primer Congreso Nacional de Sistemas de información Geográfica", en AMESIGE. Memoria. pp. 81-95 de 251.

- **Peláez**, Goycochea Alejandro. 1993. "Sistemas de información y biodiversidad". 1993. en La Jornada Ecológica. Año 2. Núm. 22. Jueves 10 de Junio de 1993. México, D.F. pp. 10-11.

- **Pérez-Gil**, R. y A.M. Muñíz (Editores). 1988. *Bosques y Selvas.* Comisión de Ecología, Bosques y Selvas. Programa de Gobierno 1988-1994. Gobierno del Estado de Chiapas.

- **PG7** Consultores, S. C. (Ramón Pérez-Gil Salcido, Fernando Jaramillo Monroy, Ana María Muñíz Salcedo, Martha Gabriela Torres Gómez) y CONABIO. 1995. Importancia económica de los vertebrados silvestres en México. México. 170 pp.

- **Pinón**, de Hijar J. H. 1996. "Captura de datos con GPS y GEOLINK", en 1 Foro sobre aplicaciones de los Sistemas de Información Geográfica. Ponencias. México. 137-142 pp.

- **Price**, K. P. 1990. Lecture Notes used in ASPR'S. ACB'S of Geographical Information Systems. Workshops. USA. University of Kansas.

- **Prieto**, Bosch M. y V. Sanchez Cordero. 1993. "Sistemas de Información Geográficos: Un caso de estudio en Veracruz", en Medellín, R. y G. Ceballos (editores). Avances en el estudio de los mamíferos de México. Asociación Mexicana de Mastozoología. Vol. I. A.C. México, D.F.

- **Philipponeau**, Michel. 2001. *Geografía Aplicada.* Ed. Ariel. Barcelona. ISBN: 84-344-3467-9. 305 págs.

- **Radarsat** International. 1998. Rdarsat-1. Cartographic Mapping. Brochure descriptivo de los productos de Radarsat International. Documento obtenido en www.rsi.com. Canadá. 2 págs.

- **Rhind**, David. 1998. "National mapping as a business-like enterprise", en: Policy issues in modern cartography. Edited by D. R. Frasser Taylor. Ed. Pergamon. Ottawa. Pág. 1-18.

- **Robinson**, Arthur; Sale, Randall; Morrison, Joel y Muehrcke, Phillip. 1987. *Elementos de Cartografía.* Ed. Omega. Barcelona. 543 págs.

- **Salas**, V. E. y Rafael A. Sabino Zetina. 1994. *Diseño de un Sistema de Información Geográfica aplicable a reservas ecológicas costeras de México: Estudio piloto en la Reserva Ecológica de Bocas de Dzilam, Yucatán.* INEGI. México. 50 pp.

- **Salmán**, G. C. 1992. "Los Sistemas de Información Geográfica, herramientas para el desarrollo de México", en 9º Congreso Nacional SMFFYG. Memorias. Guadalajara. México. p. 365.

- **Sánchez** Gómez Ma. de Lourdes. 2004. Resultados preliminaries del proyecto "Factores que limitan la adopción de tecnología SIG en la toma de decisiones territoriales en el Estado de Tlaxcala, México", inedito. Auspiciado por la empresa Intergraph.

- **Sánchez** Gómez Ma. de Lourdes y Pérez Castañeda Arturo. 2004. "Dinámica urbana y proceso de metropolización en el Estado de Tlaxcala (1950-2000)", en: Revista Regiones y Desarrollo, Vol. 4., El Colegio de Tlaxcala, A. C.

- **Sarukhán**, José, Jorge Soberón y Jorge Larson. 1993. "La biodiversidad de México, patrimonio de la humanidad", en La Jornada Ecológica. Año 2. Núm. 22. Jueves 10 de Junio de 1993. México, D.F. pp. 1-3.

- **SEDESOL**. (Secretaría de Desarrollo Social) Diario Oficial de la Federación. No. 10. 16 de Mayo de 1994.

- **Sierra** Domínguez Georgina. 1992. "Áreas Naturales Protegidas", en Atlas del Estado de México. Gobierno del Estado de México. p. 70.

- **Sierra** Domínguez Georgina. 1994. "Las áreas naturales protegidas y el sostenimiento social", en Anuario No. 2. Facultad de Geografía. UAEM. Toluca, México. pp. 13-16.

- **Sierra**, Domínguez Georgina. 1995. "Diagnostico biofísico y social del Parque Estatal Sierra Morelos como base para su planificación", en Foro de Investigación 1994. Bases teórico metodológicas de los proyectos de investigación. Facultad de Geografía, UAEM.

- **Spatial** Data Infraestructure Cookbook, 2000, en: Presentación ejecutiva realizada por el Ing. Jesús Olvera, Director de la infraestructura de datos espaciales de México, Instituto Nacional de Estadística, Geografía e Informática de México.

- **St. Laurent**, Real. 1998. Embajada de Canadá. Misión Comercial de Québec a México, Oferta de Proyectos de Geomática. México.

- **Summagraphics.** 1996. Summagrid IV. Series of digitizers. User´s manual. Summagraphics Corporation. EUA. 124 págs.

- **Taylor**, Fraser (Editor). 1998. *Policy Issues in Modern Cartography.* Volume Three. Ed. Pergamon. 277 págs.

- **Tomlinson**, Roger. 2003. *Thinking about GIS. Geographic information system planning for managers.* Ed. ESRI Press. Redlands California. 283 págs.

- **UNIGIS**. 1999. *Adquisición y entrada de datos.* Módulo dos del curso de Maestría en Sistemas de Información Geográfica. Universidad de Girona. España.

- **Véliz**, San Miguel y Rossel Sánchez (Compiladores). 1994. *Atlas Regionales y Especiales. Teoría y Práctica.* UAEM. México.

- **White** papers Series. *Prototyping AM/FM/GIS Applications.* California. USA. January 1995.

- **Yamame**, Taro. 1985. *Estadística.* Ed. Harla. Pág. 379.

- **Zeiler**, Michael. 1999. *Modelling Our World.* ESRI Press. California, EUA. 232 p.

- **Zuwaylif**, F. 1988. *Estadística General Aplicada.* Ed. FEISA. Pág. 232.

ÍNDICE DE FIGURAS

Figura 1. Mapeo de la epidemia de cólera y las bombas de agua potable para el caso de análisis territorial del Dr. John Snow (Londres, 1854).

Figura 2. Elementos constituyentes de un Sistema de Información Geográfica, SIG (en inglés, *Geographical Information Systems*, GIS).

Figura 3. Para la realización de proyectos SIG a nivel departamental o corporativo, se demandan diversos tipos de *hardware* que van desde computadoras, impresoras, *plotters* hasta *scanner* de gran tamaño.

Figura 4. Ejemplo de un visualizador de cartografía temática interactivo para la ciudad de Chetumal Quintana Roo a nivel de área geoestadística básica realizado con programas de cómputo de bajo costo.

Figura 5. Ejemplo de un servidor cartográfico que tiene por objeto mostrar más de 1,500 fotos aéreas no fotogramétricas de la línea de costa sur del estado de Quintana Roo, realizado con programas de cómputo gratuitos.

Figura 6. Datos son aquellas mediciones cualitativas y cuantitativas expresadas en capas geográficas o tablas estadísticas que al ingresar en un SIG son procesadas para generar productos de información para apoyar la toma de decisiones.

Figura 7. A mayor calidad de los datos mayor será su costo, existiendo umbrales donde por el costo de los requerimientos de calidad pueden no ser adecuados.

Figura 8. Número de instituciones de enseñanza geográfica por país en el 2002.

Figura 9. Número de instituciones de enseñanza cartográfica por país en el 2002.

Figura 10. Número de instituciones de enseñanza SIG por país en el 2002.

Figura 11. Número de instituciones de enseñanza en percepción remota por país en el 2002.

Figura 12. Nivel de urbanización del estado de Tlaxcala, 2000.

Figura 13. Imagen que muestra el número de delitos en el mes de enero de 2001 en la ciudad de Chetumal, Quintana Roo.

Figura 14. Ejemplo de la ruta más corta que debe seguir un camión repartidor de productos lácteos perecederos considerando nueve puntos de venta. Nótese que no sólo se puede obtener la ruta, sino también el reporte de direcciones y distancias.

Figura 15. Ejemplo de mapa socioeconómico que muestra el porcentaje de la población de 15 a 19 años con respecto a la población total en la ciudad de Chetumal, Quintana Roo según su distribución por área geoestadística básica al año 2000.

Figura 16. Aproximación de la distribución del padrón electoral al 2004 conforme a las secciones electorales para la ciudad de Cancún, Quintana Roo.

Figura 17. Procesos genéricos de un sistema de información geográfica que operan sobre una base de datos geoespacial, resultando en la posibilidad de tomar decisiones de alto nivel.

Figura 18. Crecimiento de la ciudad de Playa del Carmen, Quintana Roo, desde el año 1972 a 2004, a través de una serie de imágenes de satélite pasivas de resolución media.

Figura 19. Ejemplo de aplicación de la tecnología CAD. En gran medida, esta tecnología se aplica al diseño arquitectónico y de ingeniería.

Figura 20. Ejemplo de un producto cartográfico elaborado con base en la tecnología de sistemas automatizados de cartografía.

Figura 21. Programa de cómputo GRASS ver 5.0 recopilado y adecuado para su instalación en el sistema operativo Windows* por el Centro de Información Geográfica.

Figura 22. Comparación de dos modelos de relieve sombreado derivados de un modelo digital del terreno producido por LIDAR (A) y por métodos fotogramétricos (B).

Figura 23. Ejemplo de un modelo digital de ciudad, generado con tecnología LIDAR.

Figura 24. Funcionamiento metodológico de los SIG.

Figura 25. Esquema conceptual de los elementos a desarrollar para la creación del SIGE.

Figura 26. Ubicación puntual de los 1,635 centros escolares en el estado de Quintana Roo, a través del empleo de la tecnología GPS.

Figura 27. Ejemplo de los atributos asociados a cada uno de los centros escolares del estado de Quintana Roo.

Figura 28. Asociación dinámica de varias fotografías en diferentes perspectivas de cada centro escolar.

Figura 29. Asociación dinámica de cada plano de construcción de los 1,635 centros escolares del estado de Quintana Roo.

Figura 30. Diagrama entidad-relación de la base de datos educativa del proyecto SIGE que permite la consulta, visualización y
manejo de los datos estadísticos de forma territorial.

Figura 31. Ejemplo de la cartografía de referencia geográfica del estado de Quintana Roo a escala 1:250,000 en formato vector.

Figura 32. Ejemplo de la porción sur del estado de Quintana Roo que comprende varias capas de datos geográficas.

Figura 33. Imagen de satélite de alta resolución pancromática *Quickbird* con cobertura a la ciuadad de Chetumal.

Figura 34. Ejemplo del detalle de la imagen de satélite.Se aprecia, en este caso, la Universidad de Quintana Roo.

Figura 35. Porción centro de la Cd. de Cancún que muestra el resultado de la cartografía vectorial de referencia urbana.

Figura 36. Ejemplo de un proyecto geocartográfico que permite realizar mapas temáticos complejos y facilidad para realizar análisis espaciales.

Figura 37. Mapa temático de los servicios educativos y referencia geográfica del estado de Quintana Roo creado a partir de las bases de datos geográficas digitales.

Figura 38. Ejemplo de un manual de procedimientos creado para el proyecto SIGE.

Figura 39. Ejemplo de un mapa temático en 3D que muestra, por área geoestadística básica, el número total de alumnos de primaria por
centro escolar al año 2004.

Figura 40. El curso de actualización de la base de datos cartográfica estatal permitió actualizar la capa de vías de comunicación terrestres y generar con ello rutas óptimas.

Figura 41. En función de la trayectoria de un huracán, el SIGE puede ubicar y describir las escuelas que potencialmente serían afectadas por la dinámica del meteoro.

Figura 42. El servidor cartográfico del SIGE tiene como referencia la cartografía topográfica vectorial a escala 1:250,000 del estado de Quintana Roo. En todo momento, se pueden consultar los atributos descriptivos de cada una de las capas que conforman este nivel de desagregación territorial.

Figura 43. El servidor cartográfico permite mostrar cuáles son las localidades que cuentan con determinados tipos de servicios educativos.

Figura 44. El servidor cartográfico detalla para las 21 localidades urbanas del estado de Quintana Roo, la ubicación de todos los centros escolares, desde el nivel preescolar hasta nivel superior.

Figura 45. El servidor cartográfico muestra tanto la ubicación geográfica de los centros escolares como toda una serie de datos descriptivos. El usuario, por ejemplo, puede saber, para una escuela primaria, cuántos alumnos hay por cada nivel y año escolar.

Figura 46. El servidor muestra los planos de construcción de cada centro escolar interactuando con el dibujo CAD directamente.

Figura 47. Elementos que definen el desarrollo del proyecto SIDRET.

Figura 48. Ejemplo del conjunto de datos estadísticos original con énfasis en la presentación.

Figura 49. Catálogo de localidades empleado en el proyecto SIDRET.

Figura 50. Catálogo de municipios empleado en el proyecto SIDRET.

Figura 51. Ejemplo de datos del Censo de Población y Vivienda por localidad al año 2000, integrada en la base de datos del proyecto SIDRET.

Figura 52. Estructura final de la base de datos.

Figura 53. Ejemplo de metadato para una de las bases de datos cartográficas que conforman el proyecto.

Figura 54. El Centro de Análisis Territorial de El Colegio de Tlaxcala, A. C. es reconocido por Intergraph como el segundo Registered Research Laboratory en México.

Figura 55. Extracto curricular de la primera promoción del Diplomado en Sistemas de Información Geográfica impartido por el Centro de InformaciónGeográfica de la División de Ciencias e Ingeniería de la Universidad de Quintana Roo en El Colegio de Tlaxcala.

BIOGRAFÍAS DE LOS AUTORES

Antonio Iturbe Posadas

(n. Toluca, México)

Licenciado en Geografía y master en sistemas de información geográfica por la Universitat de Girona, España. Cuenta con 18 años de experiencia profesional en el diseño e implantación de tecnologías de información geográfica. Ha colaborado en el Instituto de Geografía de la UNAM, Teléfonos de México, el Centro Internacional de Agricultura Tropical, con sedes en Nicaragua y Honduras, el Instituto de Información e Investigación Geográfica, Estadística y Catastral del Gobierno del Estado de México y el Centro de Información Geográfica de la Universidad de Quintana Roo. Es instructor de cursos a nivel nacional e internacional y coordinador de diplomados en sistemas de información geográfica y percepción remota. Ha promovido en diversos ámbitos la importancia de la inteligencia y tecnología geoespacial como herramientas para la solución de problemas territoriales.

María de Lourdes Sánchez Gómez

(n. en la Ciudad de México)

Doctora en Geografía por la Universidad Nacional Autónoma de México e investigadora nacional nivel I en el Sistema Nacional de Investigadores. Sus líneas de investigación son: la geografía urbana, de riesgos, geografía regional y el desarrollo de geotecnología para la solución de problemas territoriales. Es autora de diversas publicaciones en temas de tecnología geoespacial y su aplicación en fenómenos sociales. Se ha desempeñado como coordinadora y docente en cursos y diplomados de sistemas de información geográfica. Es directora del programa "Centro de Análisis Territorial (CAT), que es un Team GeoMedia Registered Research Laboratory acreditado por Integraph. Ha coordinado y participado en diversos proyectos con el Instituto de Geografía de la UNAM, El Colegio de México, la Ford Foundation entre otras; e impartido clases en la Universidad de las Américas Puebla y ciudad de México y en la Universidad Intercontinental. Actualmente se desempeña como profesor-investigador titular y docente de los posgrados de maestria y doctorado en Desarrollo Regional y es Secretaria General de El Colegio de Tlaxcala, A. C.

Lourdes Castillo Villanueva

(n. Chetumal, Quintana Roo)

Licenciada en matemáticas por la Universidad Autónoma de Yucatán; maestra en estadística por el Colegio de Posgraduados; especialista en sistemas de información geográfica con carácter meritorio por el Instituto Geográfico "Agustín Codazzi" y la Universidad Distrital "Francisco José de Caldas" de Santa Fé de Bogotá, Colombia y doctora en Geografía con mención honorífica por la Universidad Nacional Autónoma de México. Es profesora-investigadora de tiempo completo en la Universidad de Quintana Roo y miembro del sistema nacional de investigadores. Se ha desarrollado profesionalmente en instituciones de educación superior, en la Organización de Naciones Unidas, en el sector público y en reconocidos centros de investigación. Es autora de más de treinta publicaciones (capítulos de libros, reportes técnicos, artículos especializados y libros en la materia) y habitual conferencista en materia de investigación geográfica. Actualmente funge como Secretaria General de la Universidad de Quintana Roo.

Luis Chías Becerril

(n. Ciudad de México)

Licenciado y maestro por la Universidad Nacional Autónoma de México y doctor en Geografía por la Universidad de Toulusse, Francia. Es autor de diversas publicaciones en la materia; ha coordinado o participado en proyectos académicos y de vinculación con organizaciones públicas y privadas tanto en México como en el extranjero. Ha fungido como conferencista magistral en instituciones a nivel nacional e internacional. Su línea de trabajo es la aplicación de métodos de análisis geográfico a través de tecnologías de información geográfica. Acredita una amplia experiencia en el desarrollo de proyectos sobre las líneas de abasto alimentario, seguridad vial y transporte. Actualmente es miembro del Sistema Nacional de Investigadores, nivel I e investigador titular en el Instituto de Geografía de la UNAM.